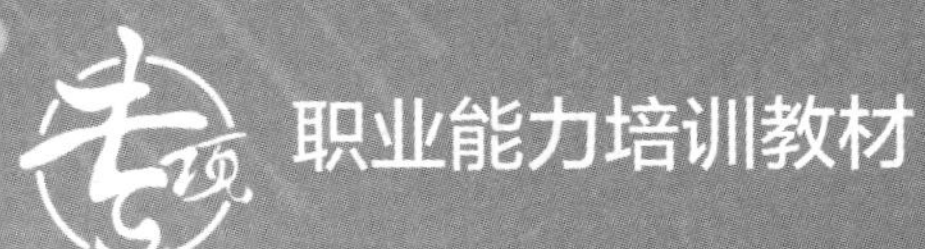

工业机器人
操作与示教

编审委员会

主　任　张　岚　魏丽君

委　员　顾卫东　葛恒双　孙兴旺　张　伟　李　晔　刘汉成

执行委员　李　晔　瞿伟洁　夏　莹

编审人员

主　编　印　松

副主编　沈　醒　严诚斌

编　者　安　宁　丁智浩

主　审　杨　凯

图书在版编目（CIP）数据

工业机器人操作与示教 / 人力资源社会保障部教材办公室等组织编写. -- 北京：中国劳动社会保障出版社，2020

专项职业能力培训教材

ISBN 978-7-5167-4314-0

Ⅰ.①工…　Ⅱ.①人…　Ⅲ.①工业机器人－职业培训－教材　Ⅳ.①TP242.2

中国版本图书馆 CIP 数据核字（2020）第 027936 号

中国劳动社会保障出版社出版发行

（北京市惠新东街 1 号　邮政编码：100029）

*

北京市艺辉印刷有限公司印刷装订　新华书店经销

787 毫米 ×1092 毫米　16 开本　9.75 印张　158 千字

2020 年 3 月第 1 版　　2023 年 2 月第 3 次印刷

定价：28.00 元

营销中心电话：400-606-6496

出版社网址：http://www.class.com.cn

内容简介

CONTENT ABSTRACT

本教材由人力资源社会保障部教材办公室、中国就业培训技术指导中心上海分中心、上海市职业技能鉴定中心依据上海专项职业能力——工业机器人操作与示教鉴定细目组织编写。教材从强化培养操作技能，掌握实用技术的角度出发，较好地体现了当前最新的实用知识与操作技术，对于提高从业人员基本素质，掌握工业机器人操作与示教核心知识与技能有直接的帮助和指导作用。

本教材在编写中根据本职业的工作特点，以能力培养为根本出发点，采用模块化的编写方式。全书共分为 5 章，包括电工基础、工业机器人基础认知、工业机器人基础操作、工业机器人示教操作、工业机器人编程基础。

本教材可作为专项职业能力——工业机器人操作与示教的技能培训与鉴定考核教材，也可供全国中高等职业技术院校相关专业师生参考使用，以及相关职业从业人员培训使用。

前言

PREFACE

职业技能培训是全面提升劳动者就业创业能力、提高就业质量的根本举措，是适应经济高质量发展、培育经济发展新动能、推进供给侧结构性改革的内在要求，对推动大众创业万众创新、推进制造强国建设、推动经济迈上中高端具有重要意义。

根据《国务院办公厅关于印发职业技能提升行动方案（2019—2021年）的通知》（国办发〔2019〕24号）、《国务院关于推行终身职业技能培训制度的意见》（国发〔2018〕11号）文件精神，建立技能人才多元评价机制，完善职业资格评价、职业技能等级认定、专项职业能力考核等多元化评价方式是当前深化职业技能培训体制机制改革的重要工作之一。

专项职业能力是可就业的最小技能单元，通过考核的人员可获得专项职业能力考核证书。为配合专项职业能力考核工作，人力资源社会保障部教材办公室、中国就业培训技术指导中心上海分中心、上海市职业技能鉴定中心联合组织有关方面的专家、技术人员共同编写了专项职业能力培训教材。

专项职业能力培训教材严格按照专项职业能力考核规范及考核细目进行编写，教材内容充分反映了专项职业能力所需要的核心知识与技能，较好地体现了适用性、先进性与前瞻性。聘请相关行业的专家参与教材的编审工作，保证了教材内容的科学性及与考核细目、题库的紧密衔接。

专项职业能力培训教材突出了适应职业技能培训的特色，不仅有助于读者通过考核，而且能够帮助读者有针对性地进行系统学习，真正掌握专项职业能力的核心技术与操作技能。

教材编写是一项探索性工作，由于时间紧迫，不足之处在所难免，欢迎各使用单位及个人对教材提出宝贵意见和建议，以便教材修订时补充更正。

人力资源社会保障部教材办公室

中国就业培训技术指导中心上海分中心

上海市职业技能鉴定中心

目 录
CONTENTS

第 1 章　电工基础

学习单元 1　电工电路　1

学习单元 2　电工测量　11

第 2 章　工业机器人基础认知

学习单元 1　工业机器人起源与发展　45

学习单元 2　工业机器人相关概念与系统组成　52

学习单元 3　工业机器人技术参数　62

学习单元 4　工业机器人分类与应用　65

第 3 章　工业机器人基础操作

学习单元 1　工业机器人安全操作　72

学习单元 2　工业机器人系统基础操作　76

学习单元 3　工业机器人突发情况紧急处理与恢复　80

第 4 章　工业机器人示教操作

学习单元 1　工业机器人示教器基础认知与操作　90

学习单元 2　工业机器人手动示教操作　105

第 5 章　工业机器人编程基础

学习单元 1　工业机器人运动指令与手动示教　127

学习单元 2　工业机器人手动执行程序　141

学习单元 3　工业机器人基础编程功能　143

第1章　电工基础

学习单元1　电工电路

学习目标

◆ 了解电路的基本概念和基本定律

◆ 了解电路分析的一般方法

知识要求

电路是电流的通路，它是为了某种需要由某些电气设备或元件按一定方式组合而成的。

电路的作用之一是实现电能的传输和转换。这种电路包括电源、负载和中间环节三部分。电源将机械能、化学能等转换为电能，是提供电能的设备，如发电机、电池等。负载将电能转化为机械能、光能、热能等其他能量形式，是用电设备，如电动机、电灯、电炉等。中间环节是连接电源和负载的设备，起到传输电能的作用，输电线就是典型的中间环节。

电路的作用之二是传递和处理信号。这种电路包括信号源、负载和中间环节三部分。信号源是输出信号的设备，负载是接收和转换信号的设备，中间环节是传输信号的设备。

一、直流电路与交流电路

1. 直流电路

直流（这里指恒定直流）是大小和方向都不随时间变化的电流，由独立的恒定直流电源供电的电路称为直流电路。直流电源包括直流发电机、各种电池等，交流电源经过整流后也可进行直流供电。供电的对象（即负载）是电阻器、电感器、电容器、直流电动机、各种电子装置等。

电路理论中研究的直流电路是经过抽象的电路模型，是相互连接、能形成直流电流的电路元件的集合。其电路元件包括直流电压源、直流电流源，以及电阻元件、电感元件、电容元件等。

2. 交流电路

由交流电源供电的电路称为交流电路，交流电路中的电流大小和方向随时间发生变化。最典型的交流电路是正弦交流电路，即电路中的电流按正弦规律变化。日常生产和生活中所使用的由发电站提供的电源即为交流电源。

二、电路的基本概念

1. 电阻

正如河水的流动会受到岩石等因素的阻碍一样，电荷在导体中运动时也会受到阻碍作用，这种阻碍作用称为电阻。阻碍电荷运动的元件称为电阻器，习惯上也称为电阻。在电工电路中，电阻器图形符号如图 1–1 所示。

电阻器一般符号　　可调电阻器符号

图 1–1　电阻器图形符号

在国际单位制中，电阻的物理量用 R 表示，单位为欧姆（Ω）。在计量大电阻时，也可用千欧（kΩ，$1\ \text{k}\Omega=1\times10^3\ \Omega$）或兆欧（MΩ，$1\ \text{M}\Omega=1\times10^6\ \Omega$）。对于一个横截面均匀的导体，其电阻的计算公式为：

$$R=\rho\frac{L}{A} \tag{1-1}$$

式中　ρ——与导体材料相关的电阻率，Ω·m；

L——导体的长度，m；

A——导体的横截面积，m^2。

由上式可知，对于一个给定的导体，其长度越长，横截面积越小，电阻越大。有时为了得到一个更大或更小的电阻，起到分压或分流的作用，可以将电阻串联、并联或混联起来使用。

（1）**电阻串联。**在电路中将两个或两个以上的电阻首尾依次相连，构成一个无分支的电路，称为电阻串联，如图 1–2 所示。

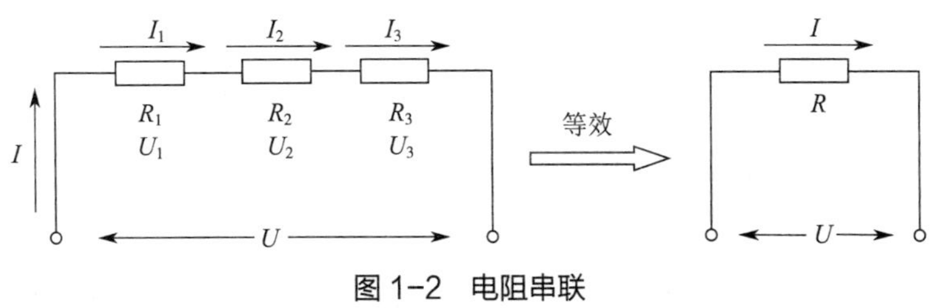

图 1–2　电阻串联

电阻串联的特点：

1）电流依次流经电阻 R1、R2 和 R3，流经各电阻的电流相等，且等于总电流，即 $I_1=I_2=I_3=I$；

2）电路总电阻（等效电阻）等于各电阻之和，即 $R=R_1+R_2+R_3$；

3）电路总电压等于各电阻两端电压之和，即 $U=U_1+U_2+U_3$；

4）各电阻两端的电压值与该电阻的电阻值成正比，即：

$$U_i=\frac{R_i}{R}U \tag{1–2}$$

式中　U_i——电阻 Ri 两端的电压，V；

R_i——电阻 Ri 的电阻，Ω。

由特点 2）可知，采用串联的方法可以得到一个较大的电阻；由特点 3）可知，由于采用多个电阻串联，各个电阻两端的电压小于总电压，电阻串联起到了分压的作用。

（2）**电阻并联。**在电路中将两个或两个以上的电阻并列连接在相同两点之间，构成有多个电流分支的电路，称为电阻并联，如图 1–3 所示。

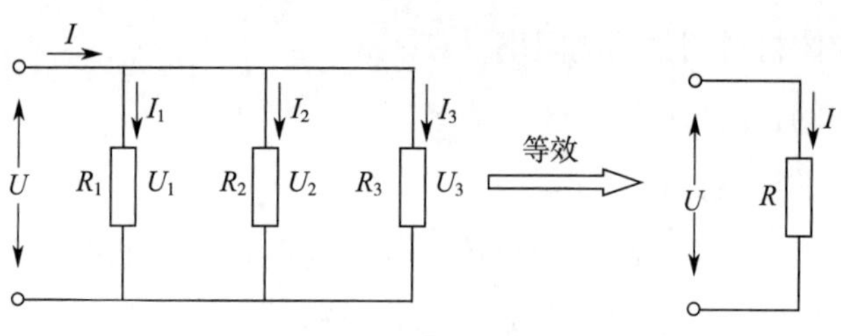

图 1-3　电阻并联

电阻并联的特点：

1）由于各并联电阻连接在电路中的相同两点之间，因此各电阻两端的电压相等，且等于总电压，即 $U_1=U_2=U_3=U$；

2）电路总电阻（等效电阻）的倒数等于各电阻倒数之和，即 $\frac{1}{R}=\frac{1}{R_1}+\frac{1}{R_2}+\frac{1}{R_3}$；

3）由于电流在各个分支间流动，因此电路总电流等于流经各电阻电流之和，即 $I=I_1+I_2+I_3$；

4）由于各电阻两端的电压相等，因此其电阻值越大，流经该电阻的电流越小，即流经各电阻的电流值与该电阻的电阻值成反比。

由特点 2）可知，采用并联的方法可以得到一个较小的电阻；由特点 3）可知，由于采用多个电阻并联，流经各个电阻的电流小于总电流，电阻并联起到了分流的作用。

（3）电阻混联。在电路中既有电阻串联又有电阻并联，称为电阻混联，如图 1-4 所示。

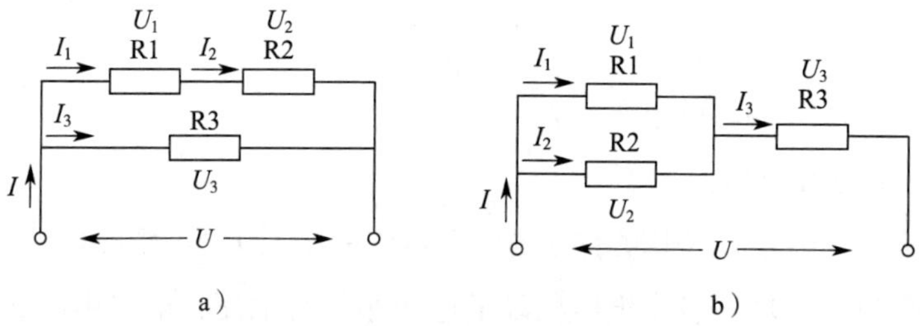

图 1-4　电阻混联

a）电阻与串联电路并联　b）电阻与并联电路串联

在图 1-4a 中，电阻 R1 与 R2 串联后与 R3 并联，由电阻串联、并联的特点可知：$I_1=I_2$，$I=I_1+I_3$，$U=U_3=U_1+U_2$，$\frac{1}{R}=\frac{1}{R_1+R_2}+\frac{1}{R_3}$。

在图 1–4b 中，电阻 R1 与 R2 并联后与 R3 串联，由电阻串联、并联的特点可知：$U_1=U_2$，$U=U_1+U_3$，$I=I_3=I_1+I_2$，$R=\dfrac{R_1R_2}{R_1+R_2}+R_3$。

2. 电流

电流是由导体中的带电粒子（电荷）有规则地定向运动形成的，其符号用小写字母 i 表示。电流流动具有方向，习惯上规定电路中正电荷运动的方向为电流的实际方向。如果电流的大小和方向不随时间的变化而变化，该电流称为恒定电流，简称直流，直流电流通常用大写字母 I 表示。如果电流的方向不变，大小随时间变化，该电流称为脉动直流。如果电流的大小和方向都随时间发生变化，该电流称为交流电流。

在进行电路分析计算时，常常选定某一方向为电流的参考方向，并用方向箭头来表示，如图 1–5 所示。当该方向与电流的实际方向一致时，电流为正值；反之为负值。

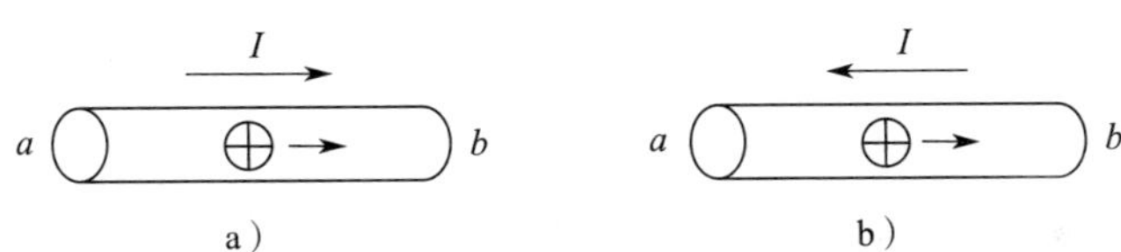

图 1–5　电流的参考方向

a）正值方向　b）负值方向

在国际单位制中，电流的单位为安培（A）。为了方便计量较大和较小电流，可采用千安（kA，1 kA=1 × 10^3 A）或毫安（mA，1 mA=1 × 10^{-3} A）或微安（μA，1 μA=1 × 10^{-6} A）为单位。

3. 电位、电压

正如水在重力的作用下流动一样，导体中的电荷是在电场力的作用下运动的。水是从重力势能高的位置流向重力势能低的位置，类似地，在电场力的作用下，正电荷也是从电势能高的点移向电势能低的点。在电路分析中，采用电位来衡量某点电势能的大小，用符号 V 来表示。在国际单位制中，电位的单位是伏特（V）。正如地球上某点的高度与所选参考位置有关，电路中某点电位的大小也与所选参考点（称为零电位点）有关。在直流电路中，电位高的一端称为正极（+），电位低的一端称为负极（–），如图 1–6 所示。

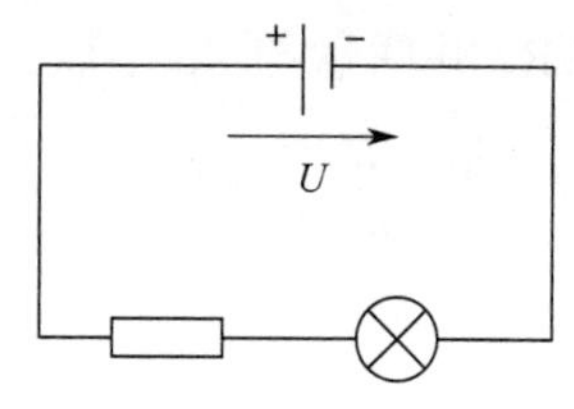

图 1–6　电源电路符号

在图 1–5 中，a 点和 b 点的电位各不相同，为衡量电路中两点间电位的差值，引入了电压的概念。电压等于电路中两点的电位差。电路中 a、b 两点间的电压记为 U_{ab}，U_{ab} 的计算公式为：

$$U_{ab}=V_a-V_b \qquad (1\text{–}3)$$

式中　U_{ab}——电路中 a、b 两点间的电压，V；

V_a——电路中 a 点的电位，V；

V_b——电路中 b 点的电位，V。

日常生活中所使用的普通干电池的电压即为其正、负极两点间的电位差。在国际单位制中，电压的单位为伏特（V）。在计量高电压和微小电压时，也可用千伏（kV，$1\ kV=1\times10^3\ V$）或毫伏（mV，$1\ mV=1\times10^{-3}\ V$）或微伏（μV，$1\ \mu V=1\times10^{-6}\ V$）。

电压也有方向，一般规定其实际方向为高电位端指向低电位端即电位降低的方向。在进行电路分析计算时，也可选定某一方向为电压的参考方向，并用方向箭头（见图 1–6）或下标（如 U_{ab}）来表示。当该方向与电压的实际方向一致时，电压为正值；反之为负值。由此也可知，$U_{ab}=-U_{ba}$。用万用表测量电池两端电压时，红表笔接电池正极，黑表笔接电池负极，显示为正值；反之则为负值。

三、电路基本定律

电路分析计算除需考虑各电路元件的特性之外，还应遵守电路的基本规律，即欧姆定律和基尔霍夫定律。对于由线性电阻构成的电路，其元件特性用欧姆定律描述。对于复杂电路，可采用回路法、节点法或戴维南定理分析计算。

1. 欧姆定律

1826 年，德国物理学家欧姆提出流经导体的电流跟这段导体两端的电压成正比，跟这段导体的电阻成反比，这被称为欧姆定律。根据欧姆定律，在图 1–7 所示电路中，电阻、电阻两端电压及流经电阻的电流之间的关系为：

$$U=IR \tag{1-4}$$

根据上式，当电流流经电阻时，会在电阻两端产生电压，电压与电阻成正比。

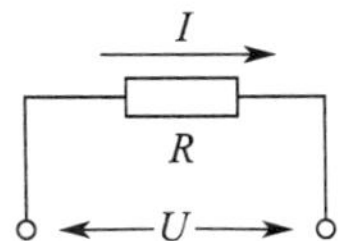

图 1–7　电阻、电压与电流的关系

2. 基尔霍夫定律

（1）基本概念

1）支路。一个或多个元件首尾连接构成的电路分支称为支路。一条支路上流经的电流相同，称为分支电流。在图 1–8 所示电路中，电源 E1 和电阻 R2、电源 E2 和电阻 R3、电阻 R1 构成三条支路。

2）节点。电路中，三条或三条以上的支路相接的点称为节点。在图 1–8 所示电路中，三条支路在 *b*、*e* 两点连接，因此该电路具有两个节点。

3）回路。电路中，由一条或多条支路所组成的闭合路径称为回路。图 1–8 所示电路有 *acdfa*、*abefa*、*bcdeb* 三个回路。

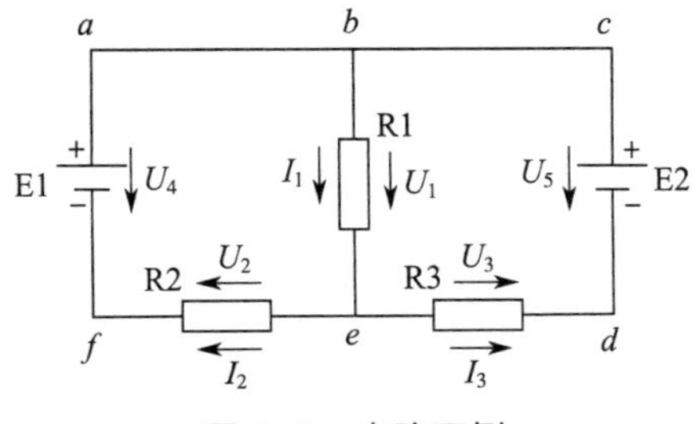

图 1–8　电路示例

由于图 1–8 所示复杂电路存在两个电源，因此不能用电阻串联、并联分析方法将其化简为一个简单电路进行分析计算。1845 年，德国物理学家基尔霍夫提出了电路中电流和电压所遵循的基本规律，即基尔霍夫定律，包括基尔霍夫电流定律（KCL）和基尔霍夫电压定律（KVL）。

基尔霍夫定律既可以用于直流电路的分析，也可以用于交流电路的分析。

（2）基尔霍夫电流定律。基尔霍夫电流定律用来确定与节点相关的各个支路电流之间的关系。根据电流的连续性和电荷的守恒定律，基尔霍夫指出，对于电路中的任何节点，在任一瞬间，流入节点的电流等于流出节点的电流。

根据基尔霍夫电流定律，在图 1–9 中，节点 a 流入的电流应等于流出的电流，即满足如下关系式：

$$I_1+I_3=I_2+I_4 \tag{1-5}$$

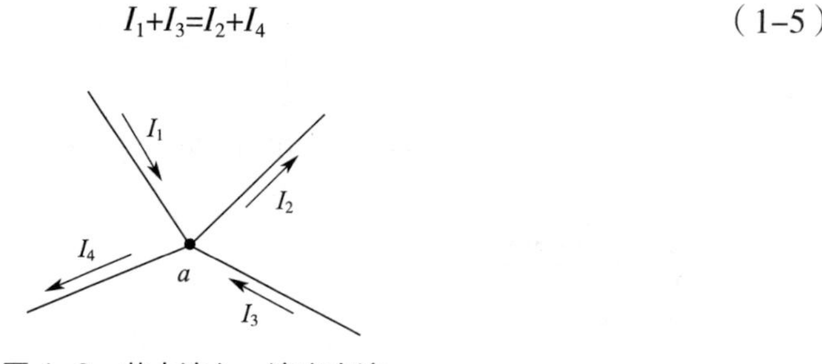

图 1–9　节点流入、流出电流

如果根据式（1–5）所计算出来的某支路电流为正，则表示电流方向与标示方向相同；反之则表示电流方向与标示方向相反。

根据基尔霍夫电流定律，对图 1–8 中的节点 e 进行分析，可知流经各电阻的电流满足 $I_1=I_2+I_3$。

基尔霍夫电流定律不仅适用于节点，也适用于任何闭合面。例如，将图 1–10 所示闭合面视为一个节点，可用式（1–5）来确定流入、流出闭合面的电流 I_1、I_2、I_3 和 I_4 之间的关系。

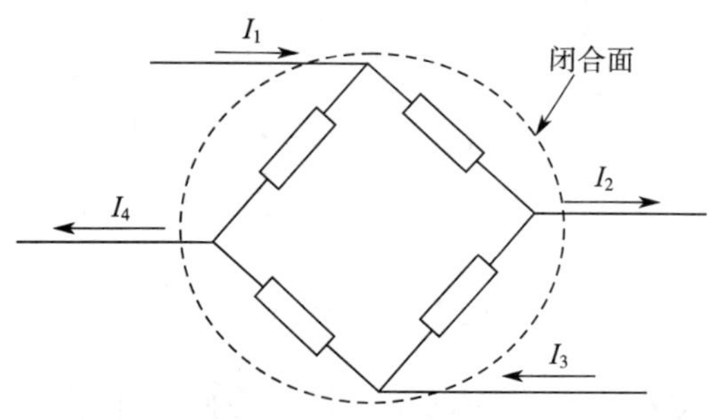

图 1–10　闭合面流入、流出电流

（3）基尔霍夫电压定律。基尔霍夫电压定律用来确定回路中各段电压间的关系。由于电路中某点具有确定的电位，因此在任一时刻，从回路中任一点出发沿某一方向绕回路一周回到出发点，整个绕行电位升之和应等于电位降之和，即：

$$\sum U=0 \tag{1-6}$$

在应用式（1–6）时，如果电压参考方向与绕行方向一致，取正号；反之取负号。因此，在图 1-8 所示电路中，从 a 点出发沿 $abcdefa$ 回路绕行一周，根据基尔霍夫电压定律可得 $U_5-U_3+U_2-U_4=0$；从 a 点出发沿 $abefa$ 回路绕行一周，可得 $U_1+U_2-U_4=0$。

需要再次强调的一点是，虽然上面所举例子为基尔霍夫定律在直流电路中的应用，但是基尔霍夫定律同样适用于交流电路。

四、交直流转换

日常所用手机、计算机等电器都需要低压直流供电，而日常生活用电为 220 V 交流电，生活用电到低压直流电的转换过程如图 1-11 所示，一般包含三个步骤：降压、整流和滤波。

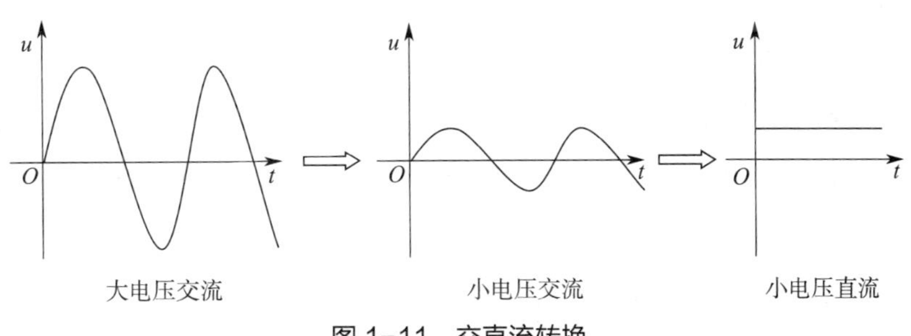

图 1-11　交直流转换

1. 降压

采用具有降压功能的变压器即可实现大电压交流到小电压交流的转换，如图 1-12 所示。

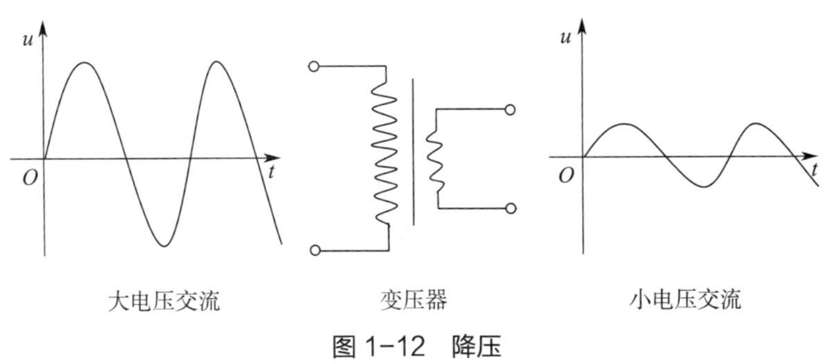

图 1-12　降压

2. 整流

由图 1-12 可知，交流电有时为正，有时为负，即其方向会随时间发生变化，可采用具有单向导电功能的二极管或图 1–13 所示具有更高效率的桥式整流电路使交流电转变为脉动直流电。

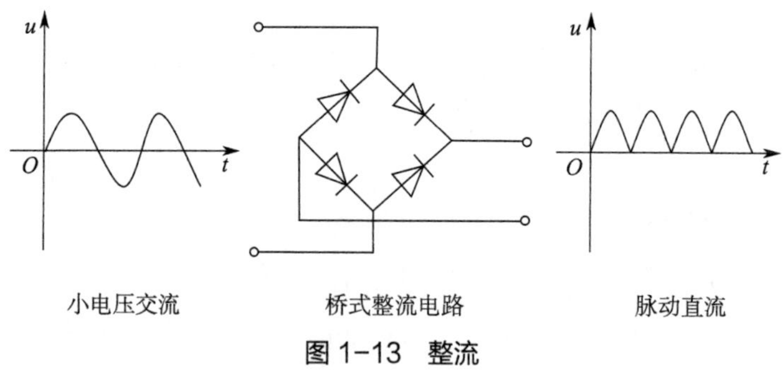

图 1–13　整流

3. 滤波

由图 1–13 可知，经过整流得到的直流电的电压并不稳定，存在一定的脉动。该脉动直流可看作交流与恒定直流的组合，如图 1–14 所示，因此可以利用电容“隔直流、通交流”的功能，过滤其中的交流成分，得到纯净无脉动的恒定直流，如图 1–15 所示。

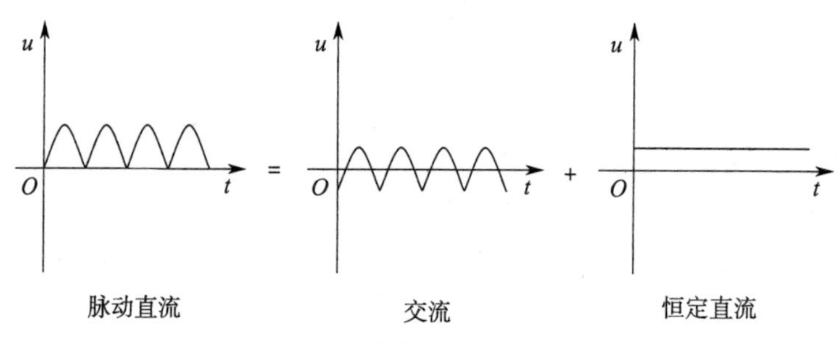

图 1–14　脉动直流与交直流的关系

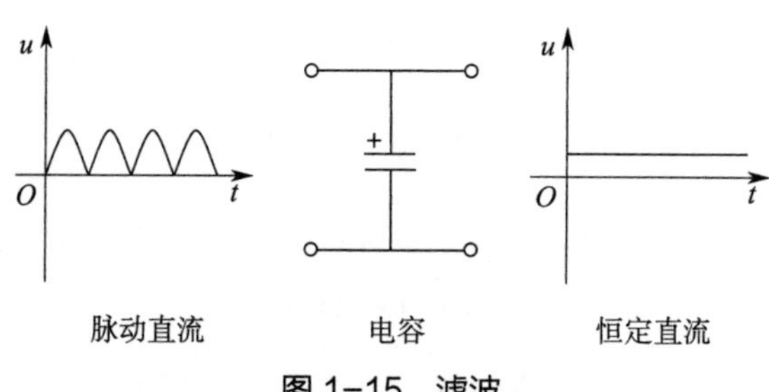

图 1–15　滤波

综合以上内容，一个典型的交流转直流电路如图 1–16 所示。

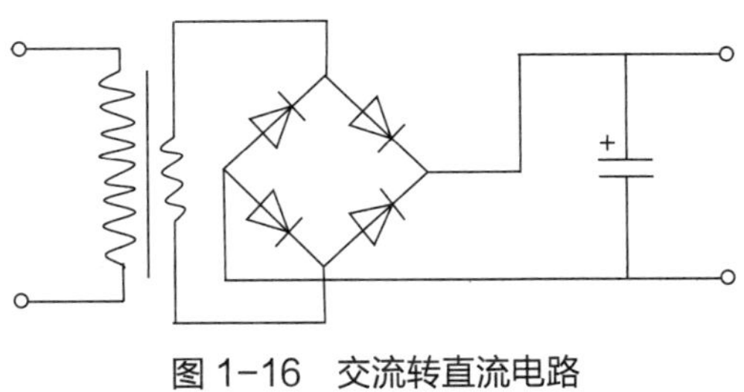

图 1-16　交流转直流电路

学习单元 2　电工测量

学习目标

- 掌握电工测量技术
- 了解常用电工测量仪表的结构和工作原理
- 掌握常用电工测量仪表的使用方法

知识要求

电工测量就是基于某种物理规律，采用一定的实验方法，借助于某种仪器或设备，将被测的各种电量和磁量与同类标准量进行比较，从而确定被测量的具体数值，对被测量进行定量认识的过程。在电工测量中，用来测量各种电量、磁量的仪器设备统称为电工仪表。

一、电工仪表的分类、符号和型号

1. 电工仪表的分类

根据工作原理、被测量、使用方式等的不同，电工仪表有不同的分类。

（1）按工作原理分类。根据工作原理的不同，电工仪表可分为磁电系仪表、电磁系仪表、电动系仪表和感应系仪表四种。

1）磁电系仪表。磁电系仪表根据通电导体在磁场中产生电磁力的原理制成。

2）电磁系仪表。电磁系仪表根据铁磁性物质在磁场中被磁化后产生电磁吸力或排斥力的原理制成。

3）电动系仪表。电动系仪表根据两个通电线圈之间产生电磁力的原理制成。

4）感应系仪表。感应系仪表根据交变磁场中的导体感应产生的电流与磁场作用产生电磁力的原理制成。

（2）按结构和用途分类。根据结构和用途的不同，电工仪表可分为指示仪表、比较仪表、数字仪表和智能仪表四大类。

1）指示仪表。指示仪表能将被测量转换为仪表可动部分的机械偏转角，并通过指示器直接指示被测量的大小，故又称为直读式仪表。

2）比较仪表。在使用比较仪表测量的过程中，需要将被测量与同类标准量进行比较，根据比较结果确定被测量的大小。

3）数字仪表。数字仪表采用数字测量技术，并以数码的形式直接显示被测量的大小。

4）智能仪表。智能仪表利用微处理器的控制和计算功能，可以实现程序控制、记忆、自动校正、自诊断、数据处理、分析运算等功能。

（3）按被测量分类。根据被测量的不同，电工仪表可分为电压表、电流表、功率表、频率表等。

（4）按准确度等级分类。根据准确度等级的不同，电工仪表可分为 0.1、0.2、0.5、1.0、1.5、2.5 和 5.0 七个等级。

（5）按使用方式分类。根据使用方式的不同，电工仪表可分为安装式仪表和便携式仪表两种。

（6）按使用条件分类。根据使用条件的不同，电工仪表可分为 A、A1、B、B1、C 共五组。其中，A 组和 A1 组仪表适合在环境温度为 0 ~ 40℃的条件下使用；B 组和 B1 组仪表适合在环境温度为 −20 ~ 50℃的条件下使用；C 组仪表适合在环境温度为 −40 ~ 60℃的条件下使用。

2. 电工仪表的符号

电工仪表的面板上有各种符号，用以表明该仪表的基本技术特性。这些符号内容通常包括仪表型号、单位、准确度等级、正常工作位置、外界条件、绝缘强度等。通过面板上的符号，工作人员可以更好地了解电工仪表的性能和使用方法，从而有助于更好地利用仪表进行正确测量。

常用电工仪表符号见表 1–1 至表 1–8。其中，常用测量单位名称及其符号见表 1–1，工作原理符号见表 1–2，电流类型符号见表 1–3，准确度等级符号见表 1–4，工作位置符号见表 1–5，绝缘强度符号见表 1–6，端钮、调零器符号见表 1–7，外界条件符号见表 1–8。

表 1–1　　常用测量单位名称及其符号

名称	符号	名称	符号	名称	符号
千安	kA	兆乏	Mvar	微欧	μΩ
安培	A	千乏	kvar	微法	μF
毫安	mA	乏	var	皮法	pF
微安	μA	兆赫	MHz	亨	H
千伏	kV	千赫	kHz	毫亨	mH
伏特	V	赫兹	Hz	微亨	μH
毫伏	mV	太欧	TΩ	库仑	C
微伏	μV	兆欧	MΩ	毫韦伯	mWb
兆瓦	MW	千欧	kΩ	毫特斯拉	mT
千瓦	kW	欧姆	Ω	—	—
瓦特	W	毫欧	mΩ	—	—

表 1–2　　工作原理符号

名称	符号	名称	符号
磁电系仪表		铁磁电动系仪表	
磁电系比率表	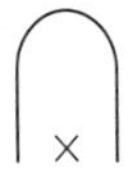	铁磁电动系比率表	
电磁系仪表		感应系仪表	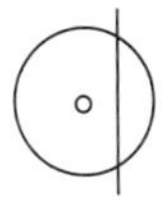
电磁系比率表	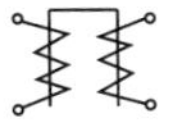	静电系仪表	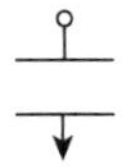

续表

名称	符号	名称	符号
电动系仪表		整流系仪表	
电动系比率表		热电系仪表	

表 1-3　　电流类型符号

名称	符号	名称	符号
直流	——	交流（单相）	～
交直流		三相交流	

表 1-4　　准确度等级符号

名称	符号
以标度尺量程百分数表示的准确度等级（如 1.5 级）	1.5
以标度尺长度百分数表示的准确度等级（如 1.5 级）	1.5
以指示值的百分数表示的准确度等级（如 1.5 级）	1.5

表 1-5　　工作位置符号

名称	符号
标度尺位置为垂直	⊥
标度尺位置为水平	⊓
标度尺位置为与水平面倾斜成一角度（如 60°）	∠60°

表 1-6　　绝缘强度符号

名称	符号
不进行绝缘强度试验	☆ 0
绝缘强度试验电压为 500 V	☆

续表

名称	符号
绝缘强度试验电压为 2 kV	☆2

表 1–7　　端钮、调零器符号

名称	符号	名称	符号
负端钮	—	与外壳相连接的端钮	⊥
正端钮	+	与屏敝相连接的端钮	◌
公共端钮（多量程仪表和复用仪表）	✕	调零器	⌒
接地用端钮	⏚	—	—

表 1–8　　外界条件符号

名称	符号	名称	符号
Ⅰ级防外磁场（如磁电系）		Ⅳ级防外磁场（电场）	Ⅳ　Ⅳ
Ⅰ级防外电场（如静电系）		A 组仪表	A
Ⅱ级防外磁场（电场）	Ⅱ　Ⅱ	B 组仪表	B
Ⅲ级防外磁场（电场）	Ⅲ　Ⅲ	C 组仪表	C

3. 电工仪表的型号

电工仪表的型号按照有关编制标准进行编制，它反映了仪表的形状、用途等。安装式仪表与便携式仪表的型号编制并不相同。

安装式仪表的型号说明如下：

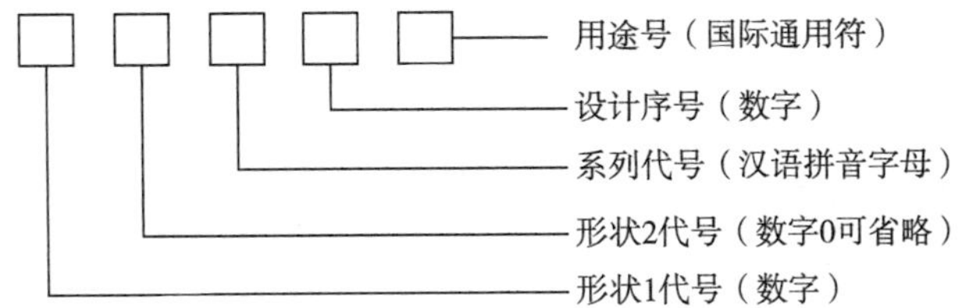

形状 1 代号：按仪表面板形状最大尺寸编制。

形状 2 代号：按仪表外壳形状尺寸编制。

系列代号：表示仪表所属系列，如 C 代表磁电系，T 代表电磁系，D 代表电动系，G 代表感应系等。

设计序号：厂家给定的设计顺序号。

用途号：按仪表测量对象编制，如 A 代表电流表，V 代表电压表（见图 1–17）等。

图 1–17 电压表

二、电工测量技术

1. 测量误差

（1）测量误差的概念。仪表测量所得数值与被测量真值（实际值）之间的差值称为测量误差，简称误差。在测量过程中，所采用的测量方法、仪器设备、测量人员的操作及测量结果的数据处理等都不可避免地带来测量误差。误差存在于一切测量过程的始终，称为误差公理。在电工测量中，只有根据测量对象，采取科学合理的实验方法，正确选择和使用仪器设备，采取正确合理的测量方法和操作步骤，才能尽可能地减小测量误差，得到正确有效的测量结果。

测量误差的计算公式如下：

$$\Delta x=x-A \tag{1-7}$$

式中 Δx——测量误差；

x——被测量的测量值；

A——被测量的真值。

在工业测量中，用最大引用误差来表示仪表的精度等级，它是衡量仪表质量优劣的重要指标之一。引用误差的计算公式如下：

$$\gamma=\frac{\Delta x}{B}\times 100\% \tag{1-8}$$

式中　γ——引用误差；

Δx——测量误差；

B——仪表量程。

我国工业仪表分为 0.1、0.2、0.5、1.0、1.5、2.5 和 5.0 七个准确度等级。例如，对于准确度等级为 1.0 级的仪表，其最大引用误差不会超过其量程的 ±1.0%。若已知某仪表的量程和准确度等级，则可根据式（1–8）计算出该仪表产生的最大测量误差值。

（2）测量误差的分类。根据误差来源划分，测量误差可分为方法误差、装置误差、环境误差、人员误差和数据处理误差。根据误差的性质和表现形式划分，测量误差可分为系统误差、随机误差和粗大误差。下面简单介绍系统误差、随机误差和粗大误差。

1）系统误差。在确定的测量条件下，对同一被测量进行多次重复测量，大小和符号保持恒定或在条件改变时按一定规律变化的误差称为系统误差，也称确定性误差。系统误差是由仪器、环境等特定因素引起的规律性误差，其主要特征是具有规律性，可通过一定方法减少或消除。

2）随机误差。在确定的测量条件下，对同一被测量进行多次重复测量，大小和符号以不可预知的方式变化的误差称为随机误差。随机误差是由各种不确定因素引起的，其主要特征是具有随机性，不可消除。

3）粗大误差。明显偏离被测量真值的测量值所对应的误差称为粗大误差，也称疏失误差。粗大误差通常是由于测量装置发生异常或故障引起的。在测量中，应防止出现粗大误差。

2. 直流电流的测量方法及电流表量程的扩大

（1）直流电流的测量方法。直流电流的测量方法主要有直接测量法和间接测量法两种。

1）直接测量法。直接测量法是指将模拟电流表或数字电流表串联接入被测回路中进行测量，电流表的指示值即为被测电流，如图 1–18 所示。

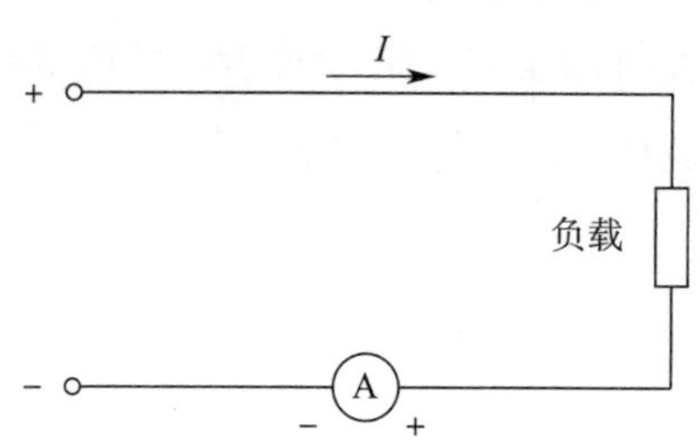

图 1–18　用直接测量法测量直流电流

测量时应注意以下两个方面。

- 将电流表接入直流电路时，要注意其极性。电流应从电流表正极流入，从负极流出。
- 要预估被测电流的大小，选用合适的量程。若不知被测电流的大小，则应选择电流表的最大量程，然后根据电流的大小调整量程，使得电流表的示数尽量不小于满量程的 2/3，以减小测量误差。

2）间接测量法。直接测量法需要将测量回路断开，操作较为麻烦，因此可采用间接测量法。如图 1–19 所示，直流电流的间接测量是利用被测电路中的电阻，通过测量电阻两端的直流电压 U，根据欧姆定律求出被测电流（$I=U/R$），该电阻称为取样电阻。

由于电阻的实际阻值与标称阻值有误差，因此间接测量法误差较大，一般多用于检修或调试电路时估测。

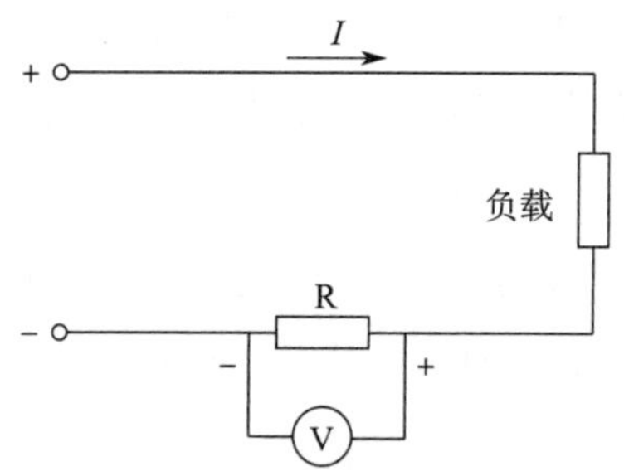

图 1–19　用间接测量法测量直流电流

（2）电流表量程的扩大。扩大电流表量程的目的是用小量程电流表测量较大电流，而通过电流表表头的电流仍然不能超过原来的量程，因此必须将表头并联一个适当阻值的分流电阻进行分流。在电流表表头上并联电阻可以扩大电流表量程。

如图 1–20 所示，Ⓖ表示高灵敏度微安表，即电流表表头，当改装电流表的量程

为 I 时（即通过改装电流表的电流为 I 时，表头指针指向满刻度），有：

$$(I-I_g)R_A=I_gR_g \tag{1-9}$$

因此有：

$$R_A=\frac{I_gR_g}{I-I_g} \tag{1-10}$$

式中　I——电流表总电流，A；

I_g——微安表支路电流，A；

R_A——与微安表并联支路电阻，Ω；

R_g——微安表支路电阻，Ω。

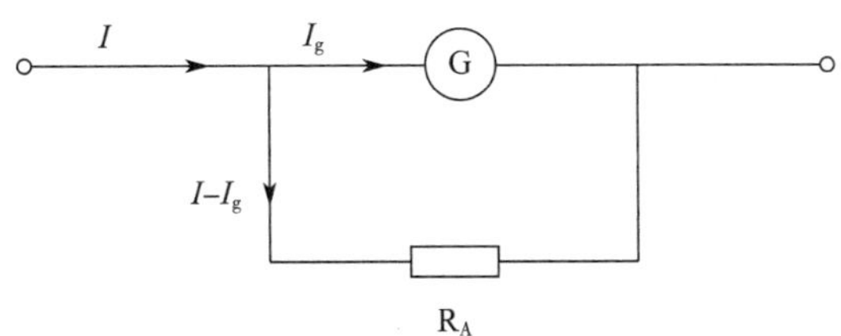

图 1-20　电流表量程的扩大

并联电阻可以分担测量电路的电流，使电流表两端的电流不超过 I_g。并联电阻阻值越小，电流表量程越大。若要使电流表的量程扩大 k 倍，则需并联电阻的阻值是电流表内阻阻值的 $1/(k-1)$。

3. 直流电压的测量方法及电压表量程的扩大

（1）直流电压的测量方法。测量直流电压通常用磁电式电压表。电压表是用来测量电源、负载或某段电路两端的电压的，因此必须和它们并联。为使电路不因接入的电压表而受影响，电压表的内阻要很高。直流电压的测量方法大体上也分为直接测量法和间接测量法两种。

1）直接测量法。将电压表直接并联在被测电路的两端，如图 1-21 所示。如果电压表的内阻为无穷大，则电压表的示数就是被测两点间的电压值。而实际上，电压表的内阻不可能为无穷大，因此直接测量法必定会影响被测电路，造成测量误差。

测量时，应注意电压表的极性。它既影响测量值与参考极性之间的关系，也影响模拟式电压表指针的偏转方向。同时，要注意电压表的量程。为扩大量程，可采用附加电阻，用欧姆定律可以计算出应附加的电阻值。在带有附加电阻进行测量时，如果电源接地，应将电压表接在近地端。

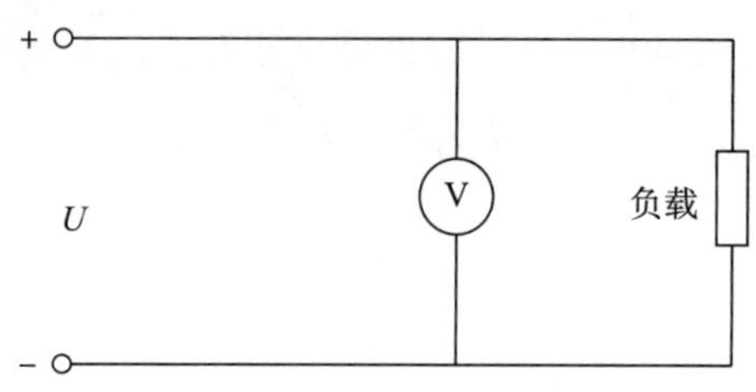

图 1-21　用直接测量法测量直流电压

2）间接测量法。如图 1-22 所示，若要测量 R3 两端的电压，可以先分别测出 R3 对地的电位 V_1 和 V_2，然后利用公式 $U_{R3}=V_1-V_2$ 求出要测量的电压。

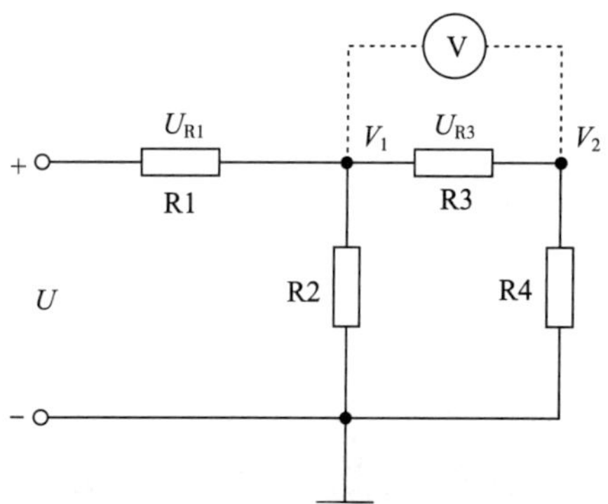

图 1-22　用间接测量法测量直流电压

（2）电压表量程的扩大。由于电压表内部的测量机构仅能通过极微小的电流，因此它测量的电压也很小，有时不能满足实际测量的需求。若要扩大电压表的测量量程，可以根据串联电阻分压的原理，在测量机构上串联一个分压电阻。图 1-23 中，测量机构上串联了一个分压电阻 R_V。

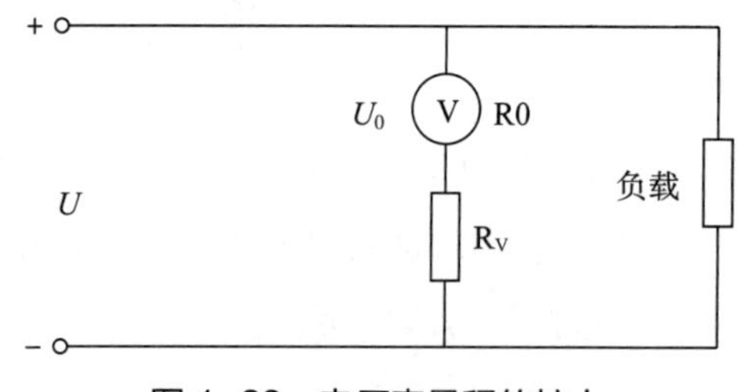

图 1-23　电压表量程的扩大

由图 1-23 可得：

$$\frac{U}{U_0}=\frac{R_0+R_V}{R_0} \tag{1-11}$$

即：

$$R_V=R_0\left(\frac{U}{U_0}-1\right) \quad (1-12)$$

式中　U——电压表两端电压，V；

U_0——电压表测量机构两端电压，V；

R_0——电压表电阻，Ω；

R_V——分压电阻，Ω。

由式（1–12）可知，需要扩大的量程越大，分压电阻的电阻值应越高。多量程电压表具有几个标有不同量程的接头，这些接头可分别与相应阻值的分压电阻串联。

4. 交流电流和交流电压的测量

（1）交流电流的测量

1）交流电流表及其量程的扩大。交流电流的测量需要使用交流电流表，其多为磁电系仪表，外形与直流电流表相似。交流电流表的量程与线圈的匝数成反比，利用改变线圈匝数的方法可以制出各种量程的交流电流表。常利用在线圈上抽头的方法制成多量程交流电流表，一般量程范围为几毫安到几十毫安。

磁电系仪表与整流器元件组合构成整流式交流电流表。整流器元件将交流变为直流后，再送到磁电系仪表中进行测量。常用的整流电路有半波、全波和桥式三种。这种交流电流表具有磁电系仪表的优点：消耗功率小，可测量小电流，刻度较均匀等。因此，整流式交流电流表应用很广泛。

扩大交流电流表量程可以采用与扩大直流电流表量程相同的方法，即在电流表的两端并联电阻，构成分流电路，如图 1–24 所示。

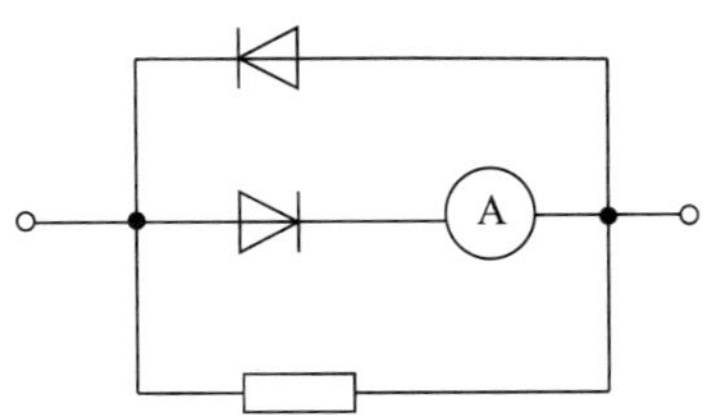

图 1–24　交流电流表量程的扩大

2）交流电流的测量方法。测量交流电流时，必须将交流电流表串联于测量电路中，切不可将交流电流表的两端误接在电路的电压端上，否则会烧坏交流电流表。

连接时，不必考虑交流电流表的极性。

测量交流电流时，要注意电流表的量程选择，避免电流表过载。如果无法估计被测电流的大小，就选用最大量程测量，而后再转换为适当的量程。转换量程时，应先切断电源，以免在转换时因电流过大而损坏转换开关。此外，为减少误差，对于电磁系表头，应在不小于满量程 2/3 的位置读数为宜。

3）交流大电流的测量。测量交流大电流时，要使用电流互感器来扩大量程。用电流互感器测量交流电流时，一次线圈串入被测电路，二次线圈接电流表的两端，如图 1–25 所示。

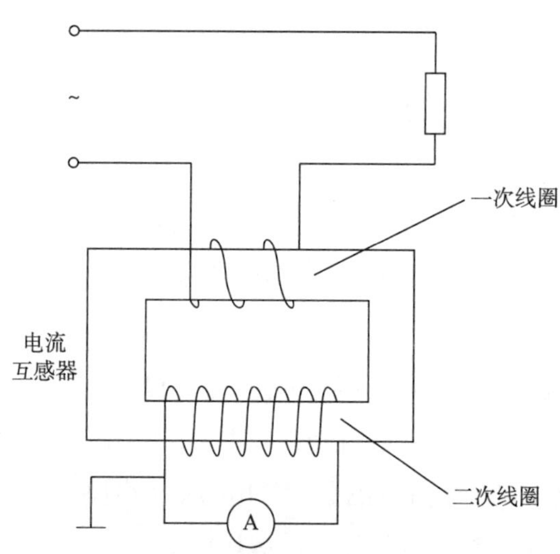

图 1–25　用电流互感器测量大电流

电流互感器的一次线圈常有多个触头，改变电流测量的量程时，常采用改变一次线圈匝数的方式来改变电流比，这样就可以测量不同范围的交流电流。测量时应注意以下几个方面。

- 选择适宜的电流互感器。我国生产的电流互感器一般配 5 A 电流表，电流互感器上标有 50/5、100/5 等电流比数据，应根据被测电流范围选择适宜的电流互感器。
- 铁芯和二次线圈接地必须可靠，避免发生触电事故，保证人身安全和仪表安全。
- 在一次线圈有电流通过时，电流互感器的二次线圈不允许开路，否则二次线圈会产生高压，容易发生触电事故，也可能造成电流互感器绝缘材料击穿。在安装时，电流互感器的二次侧不能安装熔断器。

- 在更换加在电流互感器二次线圈上的仪表时，必须先将二次线圈短路。
- 二次线圈接有仪表时，要注意一次线圈、二次线圈的极性。一次线圈电流若从同名端流入，则二次线圈电流应从同名端流出。

（2）交流电压的测量。交流电压可以用峰值、平均值、有效值、波峰因数和波形因数来表示。对于交流电压的测量，一般测量其有效值，特殊情况下才测量其峰值。测量交流电压的方法很多，依据的原理各不相同。其中最主要的方法是利用 AC/DC（交流 / 直流）转换电路将交流电压转换成直流电压，再接到直流电压表上进行测量。根据 AC/DC 转换器的类型，交流电压的测量方法可分为检波法和热电转换法。根据检波特性的不同，检波法又可分为平均值检波法、峰值检波法、有效值检波法等。

1）交流电压表。测量电路的交流电压要用交流电压表。交流电压表的特点是内阻非常大，可以减少对被测电路的影响。交流电压表的内阻越大，测量精度越高，能测量的电压范围也越大。为了增大交流电压表的内阻，有时采用外加电阻器的方法。在这种方法中，外加电阻器应与交流电压表相互串联。

交流电压表以伏（V）为单位。最常用的交流电压表有两种：一种是满刻度测量值为 300 V 的交流电压表，另一种是满刻度测量值为 500 V 的交流电压表。

使用交流电压表的过程中应注意以下几点。

一是交流电压表无正（+）、负（–）极性之分，其两个接线端可随意接火线或零线。

二是交流电压表必须与被测电路相并联。

三是要正确选用量程。在测量中，交流电压表的指针应位于不小于满量程 2/3 的位置，这样测出的结果较准确。因此，220 V 供电线路应选用满刻度测量值为 300 V 的交流电压表，380 V 供电线路应选用满刻度测量值为 500 V 的交流电压表。

四是交流电压表使用时最好串联两只熔断器，以防短路。

2）单相交流电压的测量。测量单相交流电压时，交流电压表并联在被测电路上。

有时为了扩大量程，可采用电压互感器，但电压互感器二次侧不应短路，以确保安全。交流电压表的简单直接接入法如图 1–26 所示；带有电压互感器的直接接入法如图 1–27 所示。

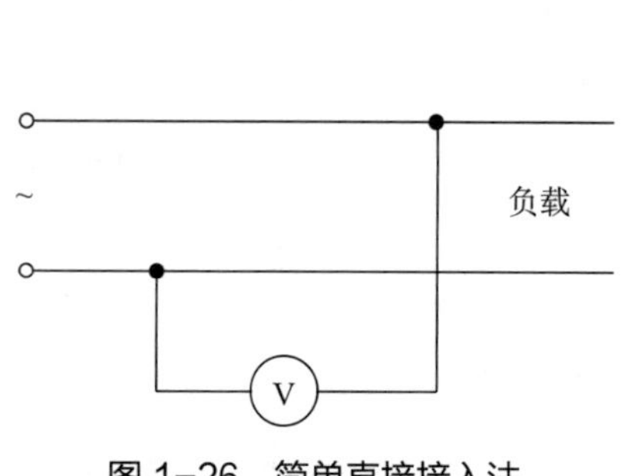

图 1-26　简单直接接入法

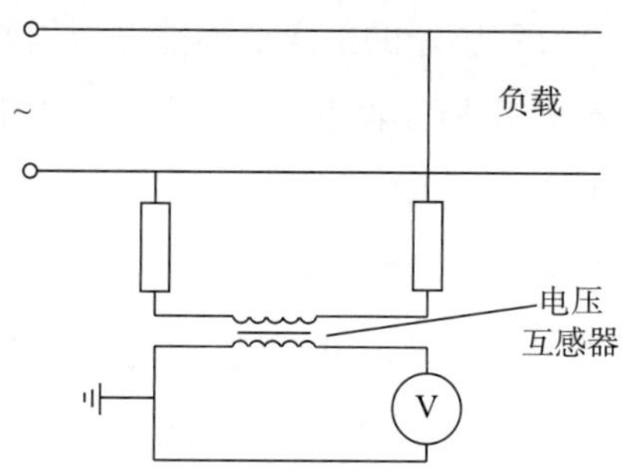

图 1-27　带有电压互感器的直接接入法

3）三相交流电压的测量。测量三相交流电压可以采用三只交流电压表，三只交流电压表同时读取测量数据，测量准确度较高。有时为了节省，也可采用一只交流电压表测量，通过转换开关，使交流电压表接入不同的线路，做三次测量，以获得三相交流电压的数据。此时，交流电压表接线固定，操作比较方便。三相交流电压测量的各种接线方法如图 1-28 所示。

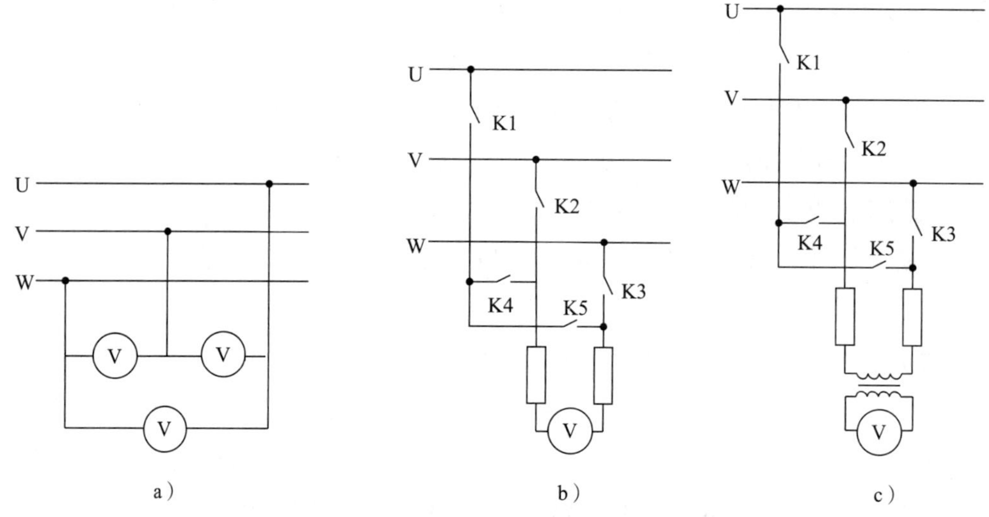

图 1-28　三相交流电压测量的各种接线方法

a）三只电压表测量　b）单只电压表直接测量　c）采用电压互感器的单只电压表测量

三、常用电工测量仪表

1. 钳形电流表

钳形电流表是测量交流电流的专用电工仪表，可在没有切断电路的情况下进行电流测量，相较普通电流表，其测量要方便许多。

钳形电流表通常由电流互感器和电流表组合而成。穿过夹钳的被测导线作为电流互感器的一次线圈，电流流过被测导线时，可在二次线圈中感应出电流，用电流表测出二次线圈的电流便可得到被测线路的电流，如图 1–29 所示。

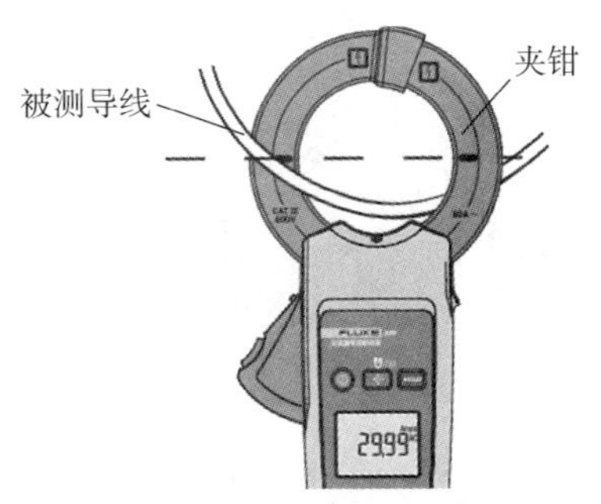

图 1–29　钳形电流表的工作原理

钳形电流表精度不高，通常为 2.5 ~ 5.0 级，使用时应注意以下几点。

- 进行电流测量时，被测导线的位置应在钳口中央，以免产生较大的测量误差。
- 测量前应估计被测电流的大小，选择合适的量程。在不知道电流大小时，应选择最大量程，再根据指针指示适当减小量程，但不能在测量时转换量程。
- 钳形电流表不能测量裸露导线电流，否则会发生触电和短路。
- 测量完成后，一定要将钳形电流表转换到最大量程位置上。

2. 万用表

万用表是一种多用途、多量程的便携式仪表，它能测量直流电流、直流电压、交流电压、电阻等，有的还可以测量功率、电感、电容等，是电工常用的测量仪表之一。万用表按显示方式的不同分为指针式万用表和数字式万用表。

（1）指针式万用表

1）指针式万用表的结构。指针式万用表在结构上主要由三个部分组成，即测量机构（又称表头）、测量线路和转换开关，其外观如图 1–30 所示。

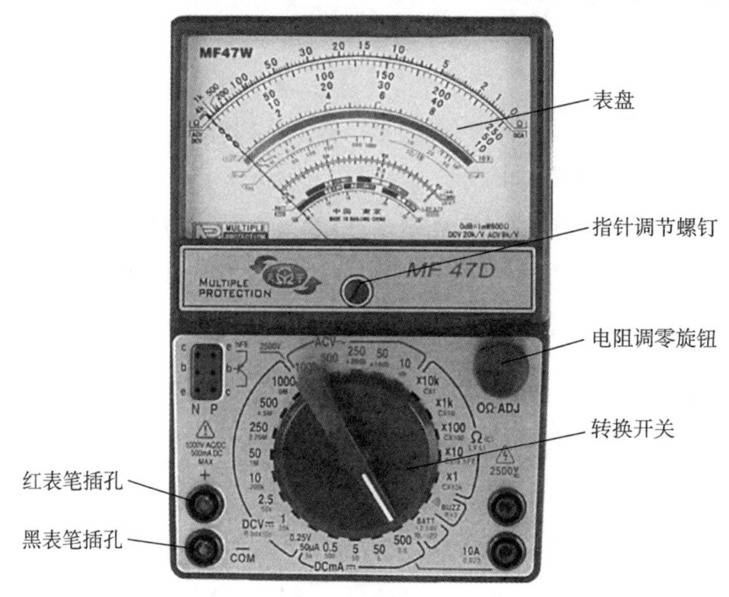

图 1–30 指针式万用表

①表头。万用表通常用高灵敏度的磁电式直流微安表作为表头，表头刻度盘上刻有多种电量和多种量程的刻度。表头是万用表的关键部件。灵敏度、准确度等级、阻尼、升降差等大部分万用表的性能指标都取决于表头的性能。

灵敏度是万用表的重要指标之一，常用万用表表头满刻度电流为十几至几百微安。表头的满刻度电流越小，其灵敏度越高，表头特性就越好，同时功率损耗也越小，对被测电路的影响就越小。

②测量线路。测量线路的主要作用是把被测的电量转变成表头能接收的电量，如将被测的直流大电流通过分流电阻变换成表头能接收的微弱电流，将被测的直流高压通过分压电阻变换成表头能接收的低电压，将被测的交流电流（电压）通过整流器变换成表头能接收的直流电流（电压）等。

测量线路主要由各种类型、各种规格的电阻元件（如绕线电阻、金属膜电阻、碳膜电阻、电位器等）组成，此外还包括整流器件（如二极管）。

测量线路是万用表实现多种电量、多种量程变换的电路基础。改进测量线路可使仪表功能增多，操作方便，体积减小。

③转换开关。转换开关用来切换不同的测量线路，实现多种电量和多种量程的

选择。一般指针式万用表中均采用机械式转换开关，它由动触点和静触点组成。动触点又称“刀”，静触点又称“掷”，因此机械式转换开关又称刀掷转换开关。

静触点固定在测量电路板上，动触点装在转轴上。当转换开关旋转时，转轴带动动触点随之旋转，当动触点与某一挡位的静触点接触时，就接通了该挡位的测量线路，实现了对不同测量线路的切换。对转换开关的要求是转动灵活，接触良好。

2）指针式万用表的基本工作原理。指针式万用表的基本工作原理如图 1–31 所示。

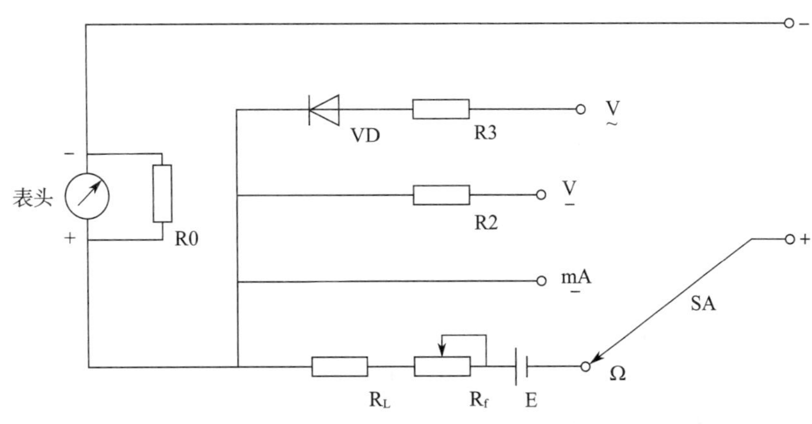

图 1–31　指针式万用表的基本工作原理

图 1–31 中，“–”表示黑表笔插孔，“+”表示红表笔插孔。

测量电压和电流时，外部有电流通入表头，因此无须内接电池。

当转换开关 SA 拨至交流电压挡时，通过电阻 R3 限流，二极管 VD 整流，表头即可显示；当 SA 拨至直流电压挡时，仅须电阻 R2 限流，无须二极管整流，表头即可显示；当 SA 拨至直流电流挡时，既无须电阻限流，也无须二极管整流，表头即可显示。

而测量电阻时，将转换开关 SA 拨至“Ω”挡，这时外部没有电流流入，因此必须使用内部电池作为电源。设外接的被测电阻为 Rx，由 Rx、电池 E、电位器 R_f、固定电阻 R_L 和表头组成闭合电路，形成的电流 I 使表头的指针偏转。红表笔与电池的负极相连，通过电池的正极与电位器 R_f 及固定电阻 R_L 相连，经过表头接到黑表笔，与被测电阻 Rx 形成回路，产生电流使表头显示。回路中的电流计算公式为：

$$I=\frac{U}{R_x+R} \tag{1–13}$$

式中　I——电阻测量回路的电流，A；

U——万用表内部电池电压，V；

R_x——被测电阻，Ω；

R——万用表内部测量回路的总电阻，Ω。

从上式可知，I 和被测电阻 R_x 不是线性关系，因此表盘上电阻标度尺的刻度是不均匀的。当被测电阻越小时，回路中的电流越大，指针的摆动越大，因此电阻挡的标度尺刻度是反向刻度。

当万用表的红、黑表笔直接连接时，外接电阻最小，即 $R_x=0$，则：

$$I=\frac{U}{R_x+R}=\frac{U}{R} \tag{1-14}$$

此时，通过表头的电流最大，指针指向满刻度处，显示阻值为 0。

反之，当万用表的红、黑表笔开路时，$R_x\rightarrow\infty$，R 可以忽略不计，则：

$$I=\frac{U}{R_x+R}\approx\frac{U}{R_x}\approx 0 \tag{1-15}$$

此时，通过表头的电流最小，指针指向 0 刻度处，显示阻值为 ∞。

3）指针式万用表的使用方法。首先，将指针式万用表放置在水平位置。其次，观察指针式万用表的指针是否处于零点（指电流、电压刻度的零点）位置，若不在，则应调整表头下方的指针调节螺钉，使指针指向零点。最后，根据被测项目，正确选择万用表上的测量项目。若已知被测量的数量级，则应选择与其相对应的数量级量程。若不知被测量的数量级，则应选择最大量程开始测量，当指针偏转角太小而无法精确读数时，再把量程减小。

①万用表作为电流表使用

a. 把万用表串联在被测电路中，注意电流的方向，即应把红表笔接电流流入的一端，黑表笔接电流流出的一端。如果不知被测电流的方向，可以在电路的一端先接好一支表笔，另一支表笔在电路的另一端轻轻地碰一下，如果指针向右摆动，说明接线正确；如果指针向左摆动（低于零点），说明接线不正确，应把万用表的两支表笔调换位置。

b. 在指针偏转角大于或等于满量程的 2/3 时，尽量选用大量程挡。因为量程越大，分流电阻越小，电流表的等效内阻越小，给被测电路引入的误差也越小。

c. 不要在测量过程中拨动转换开关，以免产生电弧，烧坏转换开关的触点。

②万用表作为电压表使用

a. 把万用表并联在被测电路上，在测量直流电压时，应注意被测点电压的极性，即把红表笔接电压高的一端，黑表笔接电压低的一端。如果不知被测点电压的极性，可按前述测电流时的试探方法试一试。如果指针向右偏转，则可以进行测量；如果指针向左偏转，则把红、黑表笔调换位置进行测量。

b. 与作为电流表使用时一样，万用表作为电压表使用时，为减小内阻引入的误差，在指针偏转角大于或等于满量程的 2/3 时，尽量选用大量程挡。因为量程越大，分压电阻越大，电压表的等效内阻越大，给被测电路引入的误差就越小。如果被测电路的内阻很大，就要求电压表的内阻更大，这样才能使测量精度高。此时，需换用电压灵敏度更高（内阻更大）的万用表来进行测量。

c. 在测量交流电压时，不必考虑极性问题，只要将万用表并联在被测电路两端即可。另外，也不必选用大量程挡或电压灵敏度高的万用表。值得注意的是，被测交流电压波形只能是正弦波，其频率应小于或等于万用表的允许工作频率，否则就会产生较大的误差。

d. 不要在测较高的电压（如 220 V）时拨动转换开关，以免产生电弧，烧坏转换开关的触点。

e. 在测量大于或等于 100 V 的高电压时，必须注意安全。最好先把一支表笔固定在被测电路的公共地端，然后用另一支表笔去碰触另一端测试点。

f. 在测量有感抗电路中的电压时，必须在测量后先断开万用表再关电源。若先切断电源，由于电路中感抗元件的自感现象，则可能产生高压而把万用表烧坏。

③万用表作为欧姆表使用

a. 测量时应首先调零，即把两支表笔直接相碰（短路），调整表盘下面的电阻调零旋钮，使指针正确指在 0 Ω 处。这是因为内接干电池随着使用时间加长，其提供的电源电压会下降，在 R_x=0 时，指针有可能达不到满偏，此时必须调整电阻调零旋钮，使表头的分流电流降低，来达到满偏电流的要求。

b. 为了提高测试精度并保证被测对象的安全，必须正确选择合适的量程挡。一般测电阻时，要求指针在全刻度的 20% ~ 80% 范围内，这样才能满足测量精度要求。

量程挡不同，流过 R*x* 的电流大小也不同。量程挡越小，流过 R*x* 的电流越大；反之亦反。如果用万用表的小量程欧姆挡 R × 1、R × 10 去测量小电阻 R_x（如毫安表的内阻），则 Rx 上会流过大电流。如果该电流超过了 Rx 所允许通过的电流，Rx 会烧毁（毫安表指针会打弯）。因此，在测量不允许通过大电流的电阻阻值时，应选择大量程欧姆挡。

量程挡不同，内阻所接干电池的电压也不同。量程挡越大，内阻所接干电池的电压越高，因此在测量不能承受高电压的电阻时，不宜选择大量程欧姆挡。例如，测量二极管或三极管的极间电阻时，不能把欧姆挡置在 R × 10 k 挡，否则易把管子的极间击穿，只能降低量程挡，让指针指在高阻端。但前面已经指出，电阻刻度是不均匀的，高阻端的刻度很密，易造成误差增大。

c. 万用表用作欧姆表时，对外电路而言，红表笔接干电池的负极，黑表笔接干电池的正极。

d. 测量较大电阻时，手不可同时接触被测电阻的两端，否则人体电阻就会与被测电阻并联，使测量结果不准确，测试值会大大减小。另外，要测电路上的电阻时，应将电路的电源切断，否则不但测量结果不准确（相当于再外接一个电压），还会使大电流通过表头，把表头烧坏。同时，还应先把被测电阻的一端从电路上断开再进行测量，否则测得的是整个电路在该电阻两端的总电阻。

测量完成后，应注意将转换开关拨至直流电压或交流电压的最大量程位置，不得放在欧姆挡上，以防两支表笔短路，将内部干电池电量全部耗尽。

（2）数字式万用表。数字式万用表是在模拟指针刻度测量的基础上，用数字形式直接把检测结果显示出来的装置。它由直流数字电压表和一些转换器构成。当不加任何转换器时，直流数字电压表只能用来测量直流电压；当直流数字电压表加上 AC–DC（交流 – 直流）转换器时，就构成多量程的交流电压表；当在直流数字电压表前加上 *I–U*（电流 – 电压）转换器时，就构成多量程的交流、直流电流表；当在直流数字电压表前加上 *R–U*（电阻 – 电压）转换器时，就构成多量程的欧姆表。

由于数字式万用表采用了大规模集成电路，因此其比指针式万用表读数容易、准确，测量精度高，测量误差小，性能稳定，工作可靠。数字式万用表的基本使用方法同指针式万用表。图 1–32 所示为各类数字式万用表。

（3）使用注意事项。万用表是比较精密的测量仪表，使用不当会造成测量不准确和仪表损坏。使用万用表时，应注意以下事项。

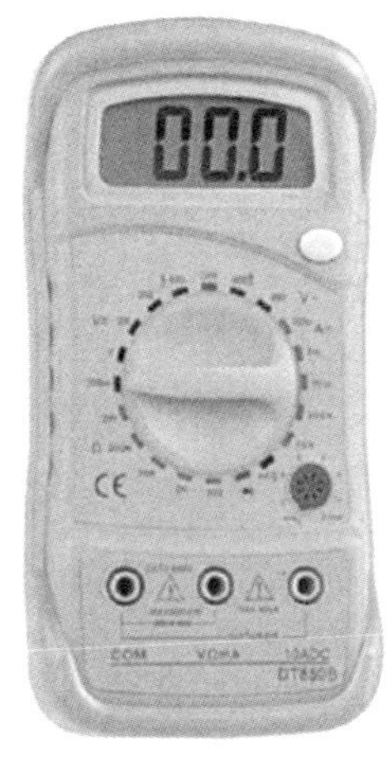

图 1–32　各类数字式万用表

1）测量电压时，不能旋错挡位。如果误用电阻挡或电流挡去测量电压，就极易烧坏万用表。

2）使用指针式万用表测量直流电压和直流电流时，注意正、负极性，不要接错。若发现指针开始反转，应立即调换表笔位置，以免损坏指针及表头。

3）如果不知道被测电压或电流的大小，应先用最高挡，而后再选用合适的挡位来测试，以免指针偏转过度，损坏表头。所选用的挡位越靠近被测值，测量的数值就越准确。

4）测量电阻时，不要用手触及被测电阻的两端（或两支表笔的金属部分），以免人体电阻与被测电阻并联，使测量结果不准确。

5）测量电阻时，若将两支表笔短接，将电阻调零旋钮调至最大，指针仍然达不到“0”点，这通常是由于表内电池电压不足造成的，此时要换上新电池方能准确测量。

6）万用表不用时，转换开关不要旋在电阻挡，因为其内有电池，若不小心使两支表笔相碰短路，会耗费电池电量，严重时甚至会损坏表头。

3. 功率表

（1）电动系仪表基础知识。电动系仪表可以测量交流、直流电流和电压，且特别适于测量功率。

1）结构与工作原理。电动系仪表是通过固定线圈和可动线圈中电流的相互作用而工作的一类仪表。电动系仪表的结构如图 1–33 所示，其测量机构主要由固定线圈和可动线圈构成，可动线圈与指针及空气阻尼器的活塞都固定在轴上。由于电动系仪表的结构特点，其本身的工作磁场很弱。相较于其他类型的仪表，电动系仪表受外磁场的影响要严重得多，因此必须采用屏蔽法和无定位结构，以更好地保护仪表，使其免受外磁场的影响。

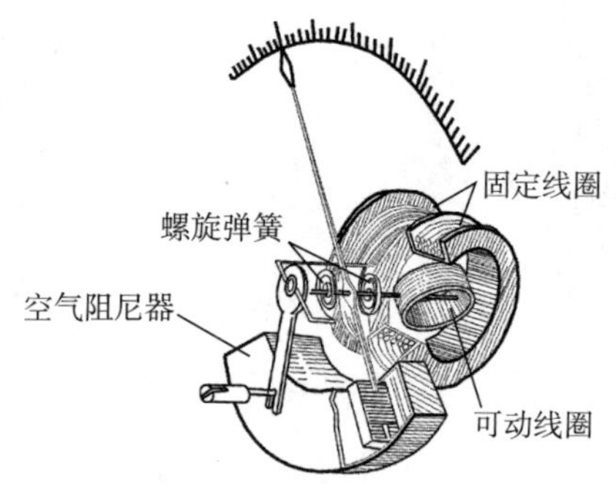

图 1–33　电动系仪表的结构

如图 1–34 所示，当固定线圈和可动线圈中分别通以直流电流 I_1 和 I_2 时，电流 I_1 将产生磁感应强度为 B_1 的磁场，通有电流的可动线圈处于固定线圈产生的磁场中，将会受到电磁力 F 的作用，其大小与磁感应强度 B_1 和电流 I_2 的乘积成正比，磁感应强度 B_1 又与电流 I_1 成正比，因此作用在可动线圈上的转矩与电流 I_1 和 I_2 的乘积成正比，即：

$$T \propto I_1 I_2 \tag{1-16}$$

式中　T——可动线圈所受转矩，N・m；

I_1——固定线圈流经电流，A；

I_2——可动线圈流经电流，A。

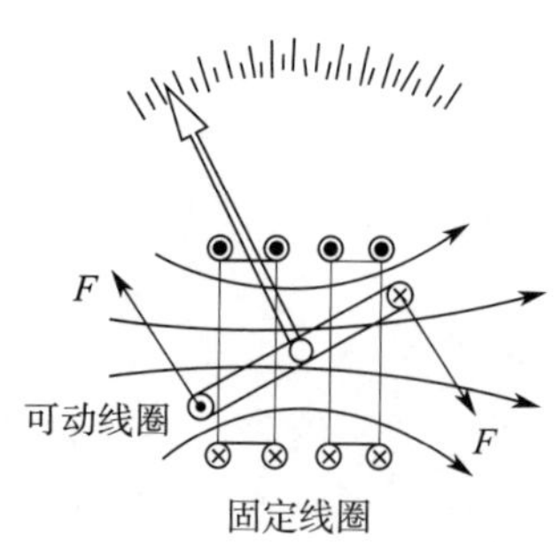

图 1–34　电动系仪表的转矩

在转矩 T 的作用下，可动线圈带动指针发生偏转。任何一个线圈中的电流方向改变，指针偏转的方向就会改变。两个线圈中的电流方向同时改变，指针偏转方向不变。因此，电动系仪表也可以用于测量交流电路。

当用于交流电路测量时，转矩 T 符合以下关系式：

$$T \propto I_1 I_2 \cos\varphi \tag{1-17}$$

式中　I_1——固定线圈流经电流有效值，A；

I_2——可动线圈流经电流有效值，A；

φ——固定线圈与可动线圈电流的相位差角，(°)。

设仪表螺旋弹簧的阻转矩 $T_C=D\alpha$（D 为螺旋弹簧的弹性系数），当其与可动线圈转矩 T 相等时，可动线圈停止转动，指针停在某一刻度上，便可读出指示值，此时指针的偏转角 α 符合以下关系式：

$$\alpha \propto I_1 I_2 \text{（直流）} \tag{1-18}$$

或

$$\alpha \propto I_1 I_2 \cos\varphi \text{（交流）} \tag{1-19}$$

2）特点与用途

①特点。电动系仪表的特点是：

- 可用于交流、直流电路的测量；
- 准确度高；
- 能构成多种线路，测量多种参数；
- 测量中，读数易受外磁场影响；
- 过载能力弱；
- 仪表本身功率损耗大。

②用途。电动系仪表可以用来测量非正弦电流的有效值，适用于交流精密测量，可制成交流、直流两用的便携式电流表和电压表，还可制成测量功率的各种功率表。

（2）普通功率表。功率表又称瓦特表，是用以测量电路（负载）功率的电工测量仪表。电功率包括有功功率、无功功率和视在功率。未做特殊说明时，功率表一般是指测量有功功率的仪表。大部分功率表属于电动系仪表。下面将主要介绍电动式功率表的结构、工作原理及其使用方法。

1）结构与工作原理。如图 1–35 所示，电动式功率表由电动系测量机构和附加电阻 R0 构成，可动线圈和附加电阻串联构成动圈支路。

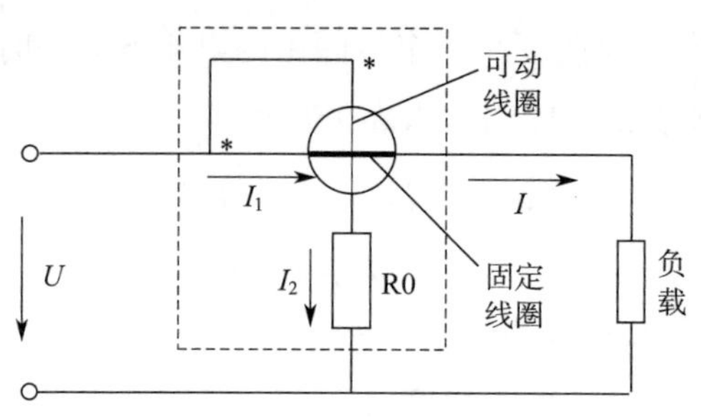

图 1–35　电动式功率表电路

电功率是电压与电流的乘积，因此要测量电功率，功率表电路必须反映电流和电压。在图 1–35 所示电动式功率表电路中，固定线圈串入电路，称为电流支路；可动线圈和附加电阻 R0 串联后并入电路，称为电压支路。这样的结构和接线方法使仪表指针的偏转角与负载电流和电压的乘积成正比，便可测量负载的功率。

2）接线方法。用功率表测量电路的功率时，必须遵从功率表接线规则：功率表电流线圈的电源端（标有“*”号的端钮）必须与电源侧连接，另一端与负载连接，串联于负载电路；电压线圈的电源端既可以连接在电流线圈的首端，也可以连接在电流线圈的末端，而电压线圈的另一端则跨接在负载的另一端，即电压线圈并联接入电路。若接线正确，但功率表的指针反转，则调换电流线圈端钮的接线或转换极性开关，指针即可正转。

当负载电阻远远大于电流线圈电阻时，应采用电压线圈前接法，如图 1–36 所示。这时，电压线圈的电压是负载电压与电流线圈电压之和，功率表测量的是负载功率与电流线圈功率之和。由于此时负载电阻远远大于电流线圈电阻，因此可以略去电流线圈分压所造成的影响，测量结果比较接近负载的实际功率。

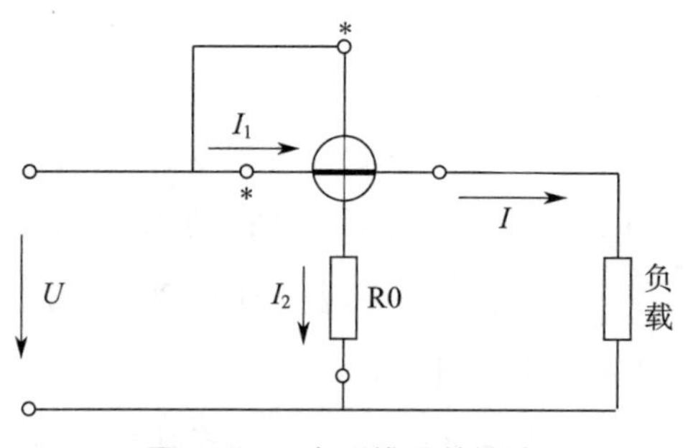

图 1–36　电压线圈前接法

当负载电阻远远小于电压线圈电阻时，应采用电压线圈后接法，如图 1–37 所示。这时，电压线圈两端的电压虽然等于负载电压，但电流线圈中的电流却等于负载电流与电压线圈中的电流之和，功率表测量的是负载功率与电压线圈功率之和。由于此时负载电阻远远小于电压线圈电阻，因此电压线圈分流作用大大减小，其对测量结果的影响也大为减小。

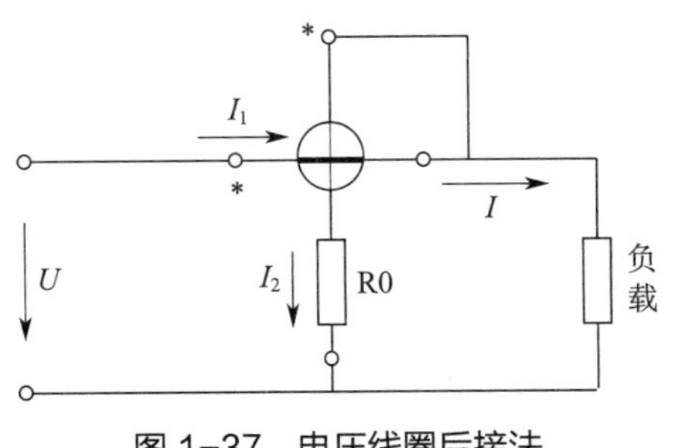

图 1-37　电压线圈后接法

如界被测负载本身功率较大，可以不考虑功率表本身的功耗对测量结果的影响，则两种接法可以任意选择，但最好选用电压线圈前接法，因为功率表中电流线圈的功耗一般都小于电压线圈支路的功耗。

3）读数与计算。一般功率表只标注分格数，而不标注瓦特数。选择不同的电流量程和电压量程时，每一分格代表不同的瓦特数。每一分格所代表的瓦特数称为功率表的分格常数。在测量时读得的功率表指针偏转格数乘以相应的功率表分格常数，即为测得的功率：

$$P=Ca \tag{1-20}$$

式中　P——被测功率，W；

C——功率表分格常数，W/ 格；

a——功率表指针偏转格数，格。

一般功率表附有表格，表格标明了功率表在不同电流、电压量程下的分格常数。如果没有分格常数表格，则可按下式计算功率表分格常数：

$$C=\frac{U_m I_m}{\alpha_m} \tag{1-21}$$

式中　U_m——功率表的电压额定值，V；

I_m——功率表的电流额定值，A；

α_m——功率表标度尺满刻度格数，格。

4）使用注意事项

①使用功率表时，需注意功率表的电流量程和电压量程。若这两个量程满足电路的电流、电压要求，则功率表的功率量程也满足要求。不能只注意功率表的功率量程，忽视电流量程和电压量程。

②当功率表有几种电流量程和电压量程但标度尺只有一条时，功率表刻度只标分格数。在选用不同的电流量程和电压量程时，每一分格所代表的瓦特数不同。每一分格所代表的瓦特数为功率表的分格常数。

③如果使用电流互感器和电压互感器，则实际功率应为功率表的读数乘以电流互感器和电压互感器的变比。

（3）低功率因数功率表。普通功率表是按额定电压、额定电流及额定功率因数为 1 进行刻度设计的，也就是当指针满刻度偏转时，被测功率 $P=UI$。普通功率表为高功率因数功率表，如果用它测量低功率因数的负载功率，就会产生很大的读数误差。例如，当功率因数 $\cos\varphi=0.1$ 时，即使负载电压、电流都达到表量程的额定值，但由于 $P=UI\cos\varphi$，仪表指针也只能偏转到满刻度的 1/10，这样就不便于读数，测量的相对误差较大。而且在转矩小、功率因数低的情况下，仪表本身的功率损耗、角误差（电压线圈中电流滞后其端电压的相位差所引起的误差）及机械磨擦等都会给测量结果带来不允许的误差。因此，需要有能在低功率因数电路中测量小功率的功率表，即低功率因数功率表。由于适用于测量功率因数较小的功率，因此低功率因数功率表的灵敏度比普通功率表的灵敏度高。

低功率因数功率表有电流输入端和电压输入端，前者与负载相串联，后者与负载相并联。低功率因数功率表一般采用张丝结构和弹簧片支承，多次反射光标指示，并采取静电屏蔽、相位补偿、双层磁屏蔽等措施，以保证仪表的准确度，使仪表有较高的灵敏度和稳定性、较好的频率特性，能防震、抗干扰。中国生产了 D52–W 系列低功率因数功率表，这种功率表在电工钢的 400 Hz 工频范围性能测试及中小型变压器空载功率损耗测试中有广泛的应用。

4. 电能表

（1）感应系仪表基础知识。感应系仪表是利用电磁感应原理制作的仪表，它是交流仪表中转矩最大的一种，主要用于测量负载消耗的电能及功率。

1）结构与工作原理。感应系仪表测量机构的结构如图 1–38 所示，主要分为驱动元件、转动元件、制动元件、积算机构四部分。

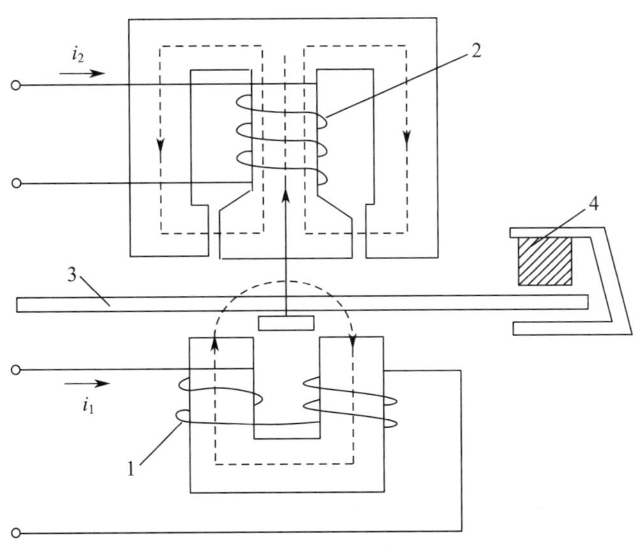

图 1-38　感应系仪表测量机构的结构

1、2—线圈　3—铝盘　4—永久磁铁

感应系仪表的工作原理类似交流电动机（感应电动机），它由载流线圈产生交变磁场，使可动部分导体（铝盘）中产生感应电流，感应电流又和交变磁场相互作用，产生驱动力矩，使仪表工作。

2）特点与用途。感应系仪表的特点是转矩大，过载能力强，受外界磁场影响小，但只能用于测量一定频率的交流电，准确度低。感应系仪表主要用作各种交流电能表，如民用的单相电能表和工厂用的三相电能表。

（2）电能表及其测量。电能表又称电度表，是应用最多的感应系仪表，用来测量某一段时间内发电机发出的电能或负载消耗的电能。电能表分单相电能表和三相电能表两种。下面分别介绍两种电能表测量交流电能的方法。

1）交流电能的测量

①单相交流电路电能的测量方法。在单相交流电路中，电能表的接线方法基本上与功率表相同。电能表的电流线圈与负载串联，电压线圈与负载并联，两个线圈的“*”端接电源的同一端。

测量时，如果被测电路是低电压、小电流的单相交流电路，可将电能表按上述接线方法直接接入电路中。如果负载电流超过电能表电流线圈的额定值，则应通过电流互感器再接入电能表，使电流互感器的一次侧与负载串联，二次侧与电能表的电流线圈串联。如果负载电压超过电能表电压线圈的额定值，则应通过电压互感器再接入电能表，使电压互感器的一次侧与负载并联，二次侧与电能表的电压线圈并联。

凡经互感器的电能表，其读数要乘以互感器的变比才是实际测量值，所乘以的数值称为电能表的倍率。例如，若采用的电流互感器的变比为 100/5，则应乘以的倍率为 20。

②三相交流电路电能的测量方法。测量三相交流电路的电能仍可采用单相电能表，测量方法分为一表法、二表法、三表法。如果用二表法测量，则两表读数之和就是三相交流电路的总电能。

在电力系统中，使用较多的是三相电能表。用三相电能表测量三相交流电路电能可在标度盘上直接读出三相总电能值。三相电能表可分为二元件三相电能表和三元件三相电能表。二元件三相电能表用于三相三线制电路电能的测量。三元件三相电能表用于三相四线制电路电能的测量。它们的结构实际上就是两只或三只单相电能表的组合，但表中的两个铝盘装在同一转轴上，用一个积算机构累计和指示三相总电能的值。

与单相交流电路电能测量一样，若被测电路的电流或电压超过电能表电流线圈或电压线圈的额定值，则需通过电流互感器或电压互感器再接入电能表，实际测量值为电能表的读数乘以互感器的变比。

2）接线方法

①单相电能表的接线方法。单相电能表有专门的接线盒，电压线圈和电流线圈在电能表出厂前已在接线盒中连好。接线盒共有 4 个接线桩，即火线的“进”“出”端和零线的“进”“出”端。接线时，进端接电源端，出端接负载端，并将电流线圈的进端接火线，如图 1–39 所示。

②三相电能表的接线方法。二元件三相电能表用于三相三线制电路电能的测量，其接线方法如图 1–40 所示，从左至右共有 8 个接线桩，1、4、6 为三相进线，3、5、8 为三相出线。

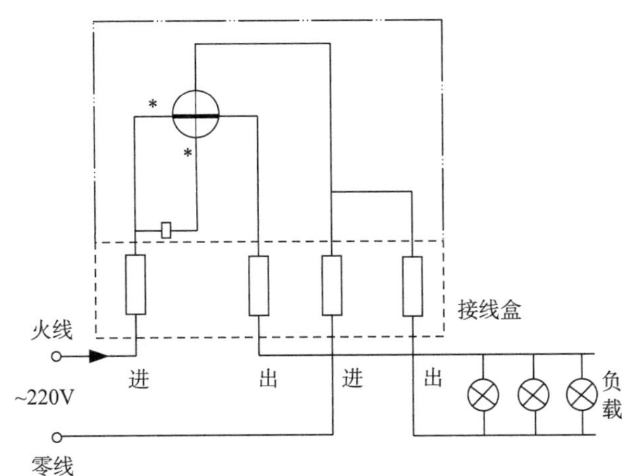

图 1-39　单相电能表的接线方法

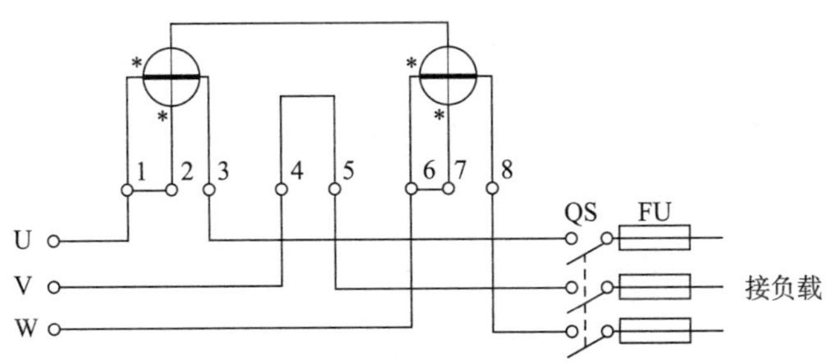

图 1-40　二元件三相电能表的接线方法

三元件三相电能表用于三相四线制电路电能的测量，其接线方法如图 1-41 所示，从左至右共有 11 个接线桩，1、4、7 为三相进线，10 为中性线进线，3、6、9 为三相出线，11 为中性线出线。

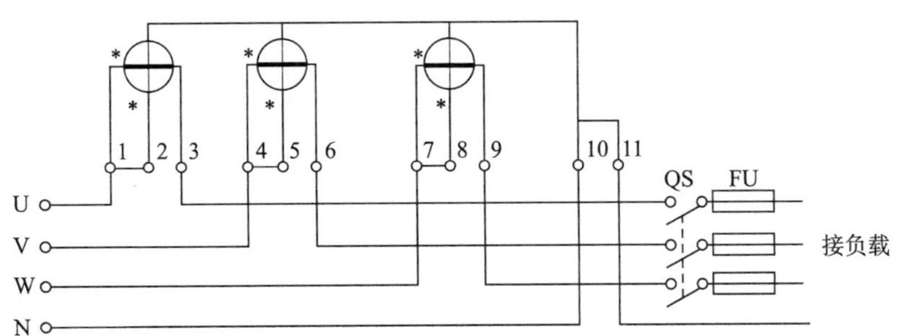

图 1-41　三元件三相电能表的接线方法

三相电能表直接式接线要求如下。

- 接线前，要检查电能表的型号、规格与负载的额定参数（电能表的额定电压应与电源电压一致，电能表的额定电流应不小于负载电流），并检查电能表的外观是否完好。

- 与电能表相连接的导线必须为铜芯绝缘导线，导线的横截面积应满足导线的安全载流量及机械强度要求（对于电压回路，横截面积不应小于 1.5 mm^2；对于电流回路，横截面积不应小于 2.5 mm^2）。横截面积为 6 mm^2 及以下的导线应采用单股导线。导线中间不得有接头。
- 电压线圈的首端应与电流线圈的首端一起接到相线上。对于三元件三相电能表，中性线必须接入电能表对应进线端，并从出线端引出。
- 要按正相序接线，隔离开关、熔断器应接于电能表的负载侧。

对于大负荷电路，必须采用间接式三相电能表，接线时需配 2 ~ 3 个同规格的电流互感器。

3）使用注意事项

①不允许将电能表安装在负载用电量小于其 10% 额定值的电路中。

②不允许将电能表长时间接在负载用电量大于其 125% 额定值的电路中。

③使用电压互感器、电流互感器时，实际测量值为读数乘以相应的电流互感器、电压互感器的变比。

④电能表应垂直安装在清洁、干燥、无强磁场、易于读数的地方。如果是明装，应距地面 1.8 ~ 2.2 m；如果是柜内安装，应距地面不低于 0.7 m。

⑤电能表的接线盒上都标有接线图，接线时要按该接线图正确接线，电源的相线（火线）和中性线（零线）不能颠倒。

⑥如果电能表是经电流互感器接入的，则此电流互感器不能被其他测量仪表或继电保护装置等使用，并应使互感器接线极性正确。

⑦被测电路在额定电压下空载时，电能表转盘应静止不动，否则必须检查线路，找出原因。在负载等于零时，电能表转盘仍稍有转动属于正常现象，称“无载自转”或“潜动”，但转动不应超过 360°。

5. 兆欧表

兆欧表是电工常用的一种测量仪表，大多采用手摇发电机供电，因此又称摇表，刻度以兆欧（MΩ）为单位。兆欧表主要用来检查电气设备或电气线路对地及相间的绝缘电阻，以保证这些设备和线路工作在正常状态，避免发生人员触电、设备损坏等事故。

（1）**结构与工作原理。**兆欧表的主要组成部分是磁电式流比计和手摇发电机，其外形如图 1–42 所示，其内部构造如图 1–43 所示。在永久磁铁的磁极间，放置着固定在同一轴上且相互垂直的两个线圈。线圈 1 与电阻 R 串联，线圈 2 与被测电阻 Rx 串联，两条支路并联接于直流电源。电源安置在仪表内，为一手摇发电机，其端电压为 U。

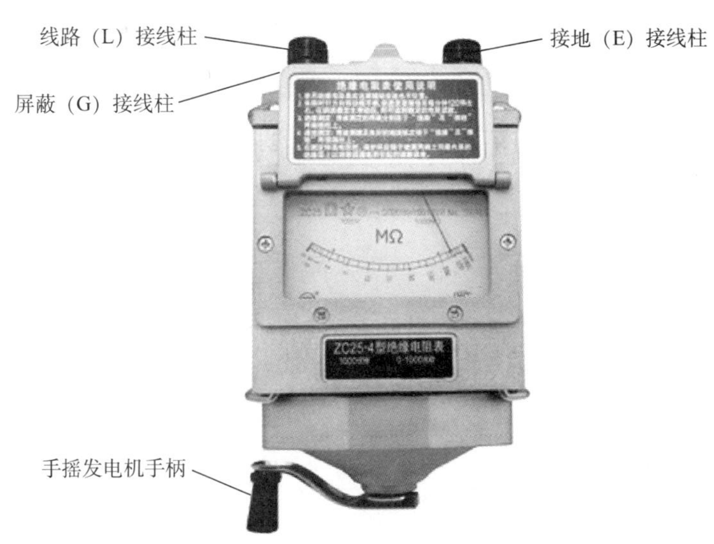

图 1–42　兆欧表的外形

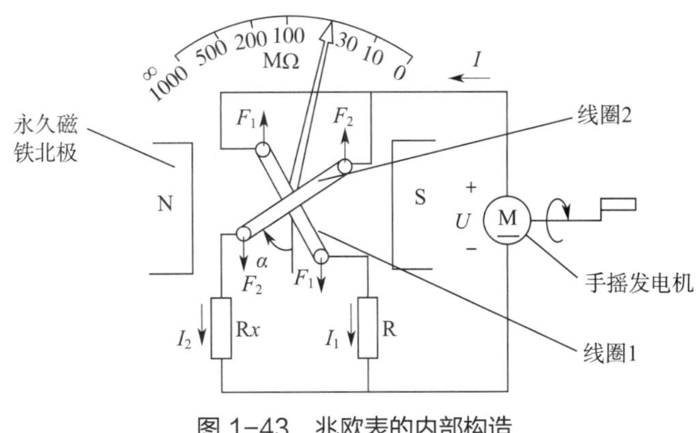

图 1–43　兆欧表的内部构造

测量时，流经两个线圈的电流分别为：

$$I_1=\frac{U}{R_1+R} \tag{1-22}$$

$$I_2=\frac{U}{R_2+R_x} \tag{1-23}$$

式中 R_1——线圈 1 的电阻，Ω；

R_2——线圈 2 的电阻，Ω。

线圈受到磁场的作用，产生两个方向相反的转矩：

$$T_1=k_1I_1f_1(\alpha) \tag{1-24}$$

$$T_2=k_2I_2f_2(\alpha) \tag{1-25}$$

式中 k_1——线圈 1 的比例系数；

k_2——线圈 2 的比例系数；

α——线圈的偏转角，(°)。

上式中，$f_1(\alpha)$ 为线圈 1 所处磁感应强度与偏转角 α 之间的函数关系，$f_2(\alpha)$ 为线圈 2 所处磁感应强度与偏转角 α 之间的函数关系。

仪表的可动部分在转矩的作用下发生偏转，直到两个线圈产生的转矩达到平衡，即 $T_1=T_2$，则 $k_1I_1f_1(\alpha)=k_2I_2f_2(\alpha)$，可得：

$$\frac{I_1}{I_2}=\frac{k_2f_2(\alpha)}{k_1f_1(\alpha)}=f_3(\alpha) \tag{1-26}$$

或

$$\alpha=f\left(\frac{I_1}{I_2}\right) \tag{1-27}$$

上式表明，偏转角 α 与两线圈的电流比有关，因此相关部件被称为流比计。由于线圈 1 支路和线圈 2 支路并联，因此有：

$$\frac{I_1}{I_2}=\frac{R_2+R_x}{R_1+R} \tag{1-28}$$

由式（1–27）和式（1–28）可得：

$$\alpha=f\left(\frac{I_1}{I_2}\right)=f\left(\frac{R_2+R_x}{R_1+R}\right)=F(R_x) \tag{1-29}$$

可见，偏转角 α 与被测电阻 R_x 满足一定的函数关系，因此 α 可以反映被测电阻的大小。仪表的偏转角 α 与电源电压 U 无关，因此手摇发电机转动的速度并不影响读数。

（2）使用方法

1）兆欧表的选用。根据规定，兆欧表的电压等级应高于被测对象的绝缘电压等级。因此，测量额定电压在 500 V 以下的设备或线路的绝缘电阻时，可选用 500 V 或 1 000 V 兆欧表；测量额定电压在 500 V 以上的设备或线路的绝缘电阻时，应选用 1 000 ~ 2 500 V 兆欧表；测量绝缘子时，应选用 2 500 ~ 5 000 V 兆欧表。一般情况下，测量低压电气设备的绝缘电阻时，可选用 0 ~ 200 MΩ 的兆欧表。

2）绝缘电阻的测量方法。如图 1–42 所示，兆欧表有三个接线柱，上端两个较大的接线柱分别为接地（E）接线柱和线路（L）接线柱，下方较小的一个接线柱为屏蔽（G）接线柱。

①测量线路对地的绝缘电阻。测量线路对地的绝缘电阻时，将 E 接线柱可靠地接地（一般接到某一接地体上），将 L 接线柱接到被测线路上，如图 1–44 所示。连接好后，顺时针摇动兆欧表的手摇发电机手柄，逐渐加快转速，到达约 120 r/min 后匀速摇动。当转速稳定，兆欧表的指针也稳定后，指针所指示的数值即为被测线路对地的绝缘电阻值。

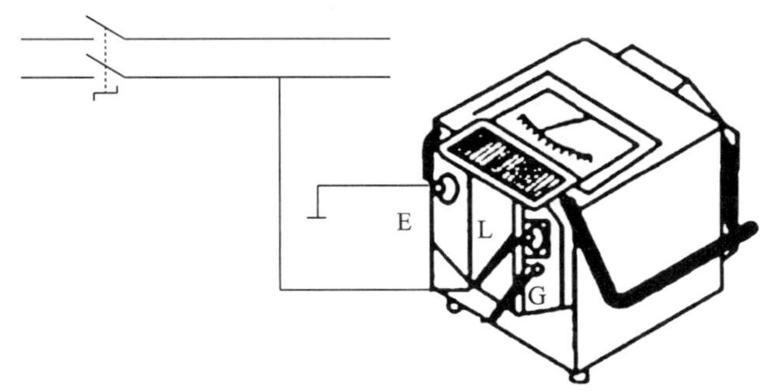

图 1–44　测量线路对地的绝缘电阻

在实际使用中，E、L 两个接线柱也可以反过来连接，即 E 可以与被测线路相连接，L 可以与接地体相连接（即接地）。

②测量电动机的绝缘电阻。测量电动机的绝缘电阻时，将 E 接线柱接到机壳上（即接地），将 L 接线柱接到电动机某一相的绕组上，如图 1–45 所示，测出的电阻值就是某一相的对地绝缘电阻值。

③测量电缆的绝缘电阻。测量电缆的绝缘电阻时，将 E 接线柱与电缆外壳相连接，将 L 接线柱与电缆导电线芯相连接，同时将 G 接线柱与电缆外壳、导电线芯之间的绝缘层相连接，如图 1–46 所示。

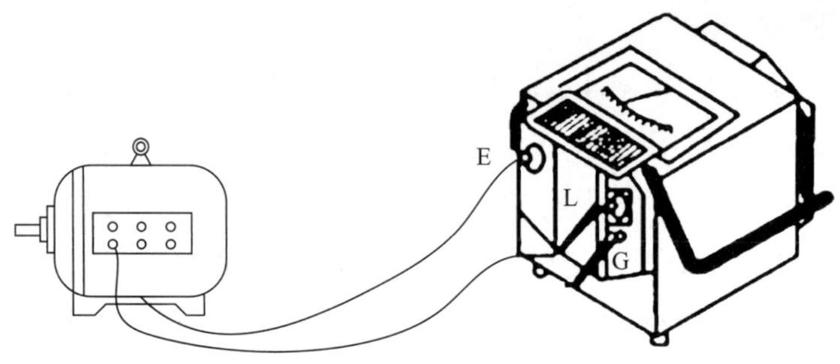

图 1–45　测量电动机的绝缘电阻

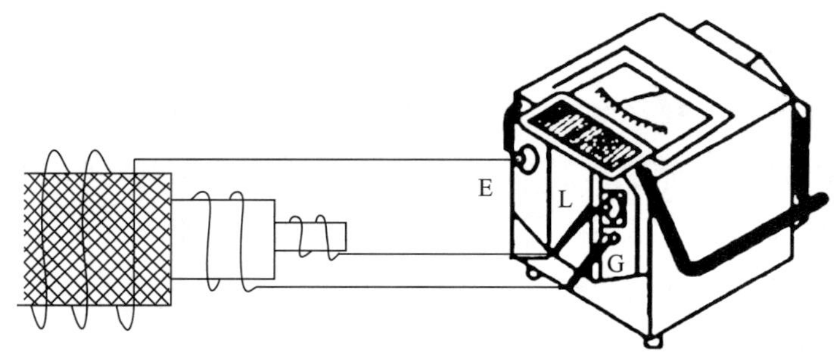

图 1–46　测量电缆的绝缘电阻

（3）使用注意事项

1）使用兆欧表前，应做开路试验和短路试验：使 E、L 两个接线柱处在断开状态，摇动兆欧表的手摇发电机手柄，指针应指向“∞”；将 E、L 两个接线柱短接，摇动兆欧表的手摇发电机手柄，指针应指向“0”。如果这两项都满足要求，说明兆欧表是好的。

2）测量电气设备的绝缘电阻时，必须先切断电源，再对设备进行放电，以保证人身安全和测量准确。

3）使用兆欧表测量时，应将其放在水平位置，并用力按住兆欧表，防止在摇动手摇发电机手柄时产生晃动。摇动时，转速为 120 r/min 左右。

4）引线应采用多股软线，且要有良好的绝缘性能，两根引线切忌绞在一起，以免造成测量不准确。

5）测量完毕后，应立即对被测对象进行放电。在手摇发电机手柄未停止转动和被测对象未放电前，不可用手触及被测对象的测量部分或拆除导线，以防触电。

第 2 章　工业机器人基础认知

学习单元 1　工业机器人起源与发展

学习目标

◆ 掌握工业机器人的概念

◆ 了解工业机器人的发展历程和现状

知识要求

一、工业机器人的概念

在小说、影视作品、日常生活和工作中，人们越来越多地看到、听到或接触到机器人。1920 年，捷克作家卡雷尔·卡佩克在其编写的幻想剧《罗萨姆的万能机器人》中塑造了一个具有人的外表和功能，能听命于人，代替人进行日常劳动的机器，并用捷克语“Robota”来取名，意为“劳役”“奴仆”，单词 robot（机器人）由此衍变而来。其后，机器人出现在各种科幻作品中。

国际上对机器人有多种不同的定义。1984 年，国际标准化组织（ISO）采纳了美国机器人工业协会（RIA）的建议，将机器人定义为“一种可重复编程的多功能操作器，具有通过编程实现不同动作的能力，用以执行材料、零件、工具或其他专用系统的搬运等多种不同的任务”。

不管定义如何，机器人一般都具有以下特征：

- 是一种机械电子装置；
- 能像人一样完成多种不同的任务，如工件或工具的搬运、工件的打磨等；
- 具有类似人的感觉器官的功能，如视觉；
- 可通过重新编程实现不同的功能。

按照机器人应用领域的不同，可将机器人分为工业机器人和服务机器人。ISO定义的机器人实质上指的是工业机器人。工业机器人主要在生产制造领域协助或代替工人完成一些危险、重复、枯燥、耗费体力的工作，如焊接、喷涂、搬运、码垛、分拣等。可以说，工业机器人是目前生产制造领域非常重要的自动化设备。而服务机器人发展较晚，它同样具有机器人的一般特征，主要协助或代替人类完成为人类日常生活提供服务的各种工作，如清洁、护理、娱乐、教育、安全防护、陪伴等。

二、工业机器人的发展阶段

工业机器人有三个发展阶段。

第一阶段为示教再现型机器人发展阶段。操作人员通过示教器或手把手方式“告诉”机器人其运动过程，并将路径点存储下来。工作时，工业机器人读出存储的信息并按顺序执行，即可完成焊接、喷涂、搬运等生产任务。最早诞生的工业机器人就是示教再现型机器人，目前工业生产中广泛应用的工业机器人也都具有示教再现功能。

第二阶段为感知型机器人发展阶段。这一阶段的工业机器人不仅仅是一个执行机构，还具有类似人的视觉、力觉等功能，可以完成分拣、视觉检测、装配等作业。随着传感技术的飞速发展，感知型机器人迎来发展契机，目前视觉、力觉等感知能力是工业机器人应用的重要能力。

第三阶段为智能型机器人发展阶段。这一阶段的工业机器人不仅具有感知能力，而且能够进行学习和思考，根据所处环境做出决策，规划行动。这是未来工业机器人的重要发展方向。

由于技术发展和应用需求的限制，目前生产制造领域所应用的工业机器人绝大多数属于示教再现型机器人和感知型机器人。

三、工业机器人在全球的发展

1954 年，美国人德沃尔根据自己的研究申请并获得了一种可编程机器的专利，这种机器可根据不同的编写程序完成不同的工作，因此具有一定的通用性和灵活性。

这是关于工业机器人最早的发明专利，德沃尔后被列入了“美国发明家名人堂”。

1958 年，美国人英格伯格创建了世界上第一家机器人公司——Unimation 公司，并于 1959 年与德沃尔共同设计制造了第一台工业机器人——Unimate，如图 2–1 所示。Unimate 机器人重约 2 t，受记录在磁鼓上的程序控制，为液压驱动，其工作方式为示教再现。

1961 年，Unimate 机器人被用于美国通用汽车公司的汽车生产线上，自此开启了机器人在工业领域的广泛应用。目前，工业机器人的主要应用行业仍然是汽车行业。

1962 年，另一家公司 AMF（美国机器和铸造厂）研制出另一种结构形式的机器人，即 Verstran 机器人，如图 2–2 所示。

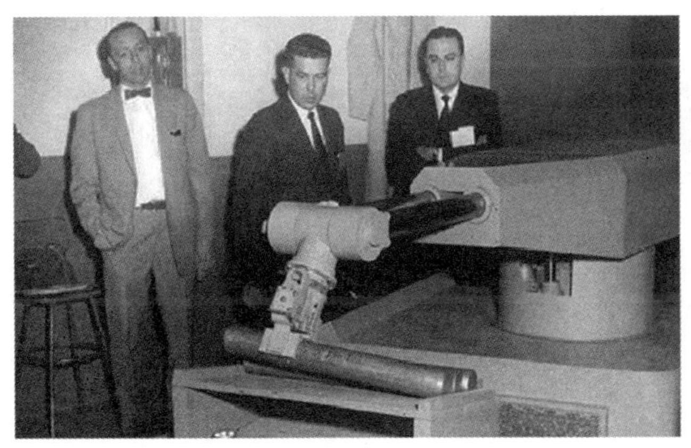

图 2–1　Unimate 机器人

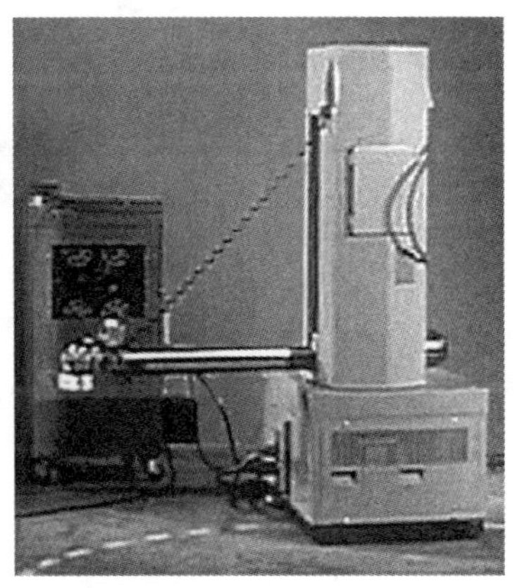

图 2–2　Verstran 机器人

Unimate 机器人和 Verstran 机器人后来被广泛应用于世界各国的工厂，掀起了全世界对机器人的研究热潮，被称为最早的工业机器人。

1969 年，美国通用汽车公司开始在其汽车生产线上采用 Unimate 机器人对车身进行点焊，这不仅减少了点焊粉尘多、危险系数高、劳动强度大给工人带来的不良影响，而且大大提高了汽车生产制造的效率。点焊是工业机器人在汽车制造行业的重要应用领域之一。

1969 年，日本川崎重工从 Unimation 公司引进 Unimate 机器人，日本从此开启了工业机器人的应用、制造和研究之路。

1973 年，美国辛辛那提·米拉克隆公司的理查德·豪恩开发了世界上第一台由小型计算机控制的工业机器人，即 T3 机器人。

1974 年，日本川崎重工首次将工业机器人应用于弧焊。弧焊也是工业机器人在汽车制造行业的重要应用领域之一。

1975 年，直角坐标机器人在意大利被首次应用于产品装配领域。直角坐标机器人各个坐标轴之间的运动相互独立，容易控制，生产制造简单，因此在当今工业界，仍然是工业机器人的一个重要应用分支。

1978 年，在美国通用汽车公司的支持下，Unimation 公司开发出 PUMA 机器人以用于小零件的装配，如图 2–3 所示。PUMA 机器人至今仍应用于工业中，它的出现标志着工业机器人技术的成熟。

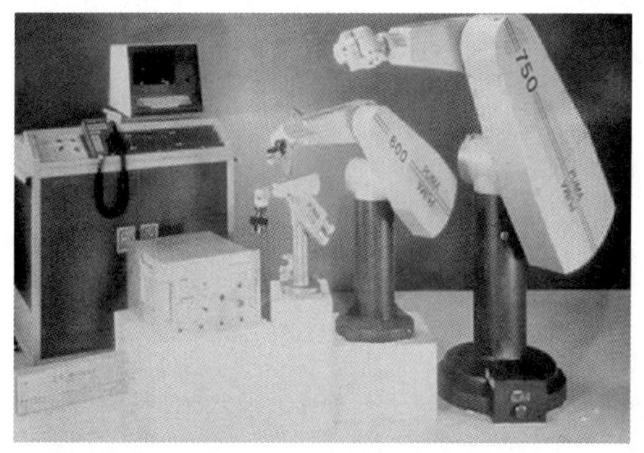

图 2–3　PUMA 机器人

1978 年，日本山梨大学的牧野洋教授发明了平面双关节机器人 SCARA(Selective Compliance Assembly Robot Arm，选择性柔顺装配机械臂)，如图 2–4 所示。该机器人仅具有 3 个自由度，其在 X–Y 平面内具有较大的柔性，而沿 Z 轴有很强的刚性，非常适合小零件的装配，是当今工业界广泛应用的机器人结构形式之一。

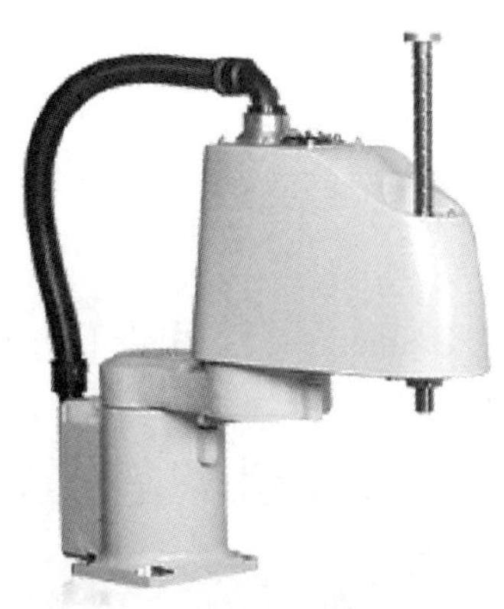

图 2–4　SCARA 机器人

1979 年，日本 NACHI 公司开发出第一台全电动机驱动的机器人，开创了全新的工业机器人时代。

20 世纪 80 年代，工业机器人在日本得到巨大的发展和普及，日本也因此赢得了“机器人王国”的美誉。

1981 年，美国 PaR Systems 公司开发出第一台龙门安装式机器人，如图 2-5 所示。相较于底座安装的机器人，它具有更大的工作范围，因而能够代替多台机器人工作。

图 2-5　龙门安装式机器人

1985 年，瑞士洛桑联邦理工学院的克拉维尔教授设计出具有 3 个平移自由度的并联结构式机器人 Delta。该机器人具有刚度高、承载能力强、精度高、加速度大等特点，被广泛用于小型物件的高速分拣。

1998 年，瑞典 ABB 公司基于 Delta 机器人开发出了当时世界上最快的机器人 FlexPicker，如图 2-6 所示。它可以 10 m/s 的速度运行，实现每分钟 120 次的取放动作。

图 2-6　FlexPicker 机器人

2006 年，德国 KUKA 公司推出第一台轻量化机器人，如图 2-7 所示。该机器人机身采用铝合金，仅重 16 kg，且具有 7 kg 的负载能力，非常适合用来进行搬运和装配作业。

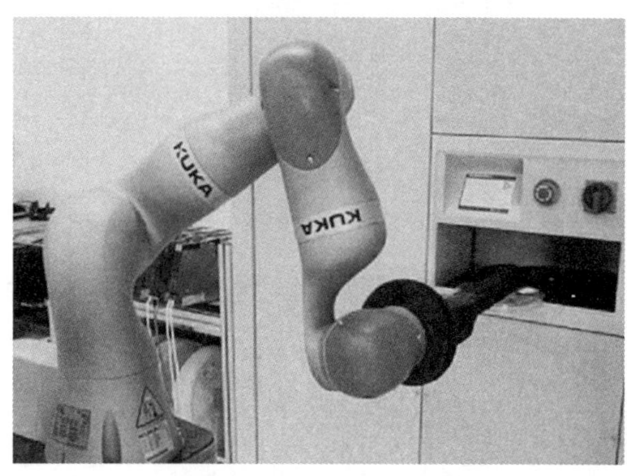

图 2-7　KUKA 轻量化机器人

2010 年，日本 FANUC 公司发布了第一台学习控制型机器人。该机器人配备振动学习控制功能，能够对高速情况下的振动特性进行学习，并通过压缩手臂的振动来减少工作时间。

四、工业机器人在我国的发展

我国工业机器人起步较晚，主要经历了萌芽期（20 世纪 70 年代）、研发期（20 世纪 80 年代）、适用化期（20 世纪 90 年代）三个发展阶段。

在美国、日本等国家已经开始发展商用化机器人时，我国以中国科学院沈阳自动化研究所为代表的科研机构于 1972 年开始了工业机器人研制之路。1979 年，上海交通大学成立机器人研究室（后更名为“上海交通大学机器人研究所”），并于该年 9 月研制出国内第一台二自由度示教再现型机器人试验装置。

20 世纪 80 年代，随着改革开放的不断深入和科学技术的发展，机器人技术研究得到政府的大力支持。“七五”期间，我国开始了一系列机器人成套技术的开发，研制出了喷涂、点焊、弧焊和搬运机器人。1985 年，作为参与上海市“七五”重点攻关项目的龙头单位，上海交通大学机器人研究所承担并完成了“上海一号”弧焊机器人和“上海三号”喷涂机器人（见图 2–8）的研制。

图 2–8 “上海三号”喷涂机器人

1986 年，国家“863”计划开始实施，我国着眼世界机器人前沿技术，取得一大批科研成果。

20 世纪 90 年代，我国掀起了新一轮的经济体制改革和技术进步热潮，在工业机器人领域开始进行应用研究，先后研制出了装配、喷漆、切割、包装、码垛等各种用途的工业机器人，并形成一批机器人产业化基地。

虽然经过“七五”攻关计划、“九五”攻关计划和“863”计划的支持，我国机器人技术已经取得了较大的进展，但是在如控制器、高性能交流伺服电动机、高精密减速器等核心零部件上还缺少技术突破，也缺少具有较大影响力的机器人品牌，因此，国内机器人市场主要还是被国际机器人厂商占据。

进入 21 世纪以来，我国制造业得到极大的发展，我国成为世界制造大国，但随着人口红利的消失，我国制造业迫切需要实现产业化升级，提高生产制造的自动化程度，实现机器人代替人的转换。2015 年，我国已经超越日本成为规模最大的机器人市场，但国内机器人公司大多停留在机器人应用和集成领域，我国急需在机器人基础制造领域获得突破。

2011 年，我国“十二五”规划公布，强调大力发展高端装备制造产业。工业机器人领域作为高端制造业的重要组成部分，在这期间得到了很多的政策扶持。这一时期，我国涌现了新松、新时达、埃斯顿等一批优秀机器人企业。

学习单元 2 工业机器人相关概念与系统组成

学习目标

◆ 掌握工业机器人的相关概念

◆ 了解工业机器人系统的组成

知识要求

一、工业机器人的相关概念

1. 工业机器人的运动位姿

工业机器人的运动位姿是指机器人末端所处的位置和姿态（方向），位置和姿态可分别用 3 个参数来描述，即在选定坐标系下的位置（x，y，z）和绕坐标轴的转角（w，p，r）。姿态描述方法如图 2–9 所示。

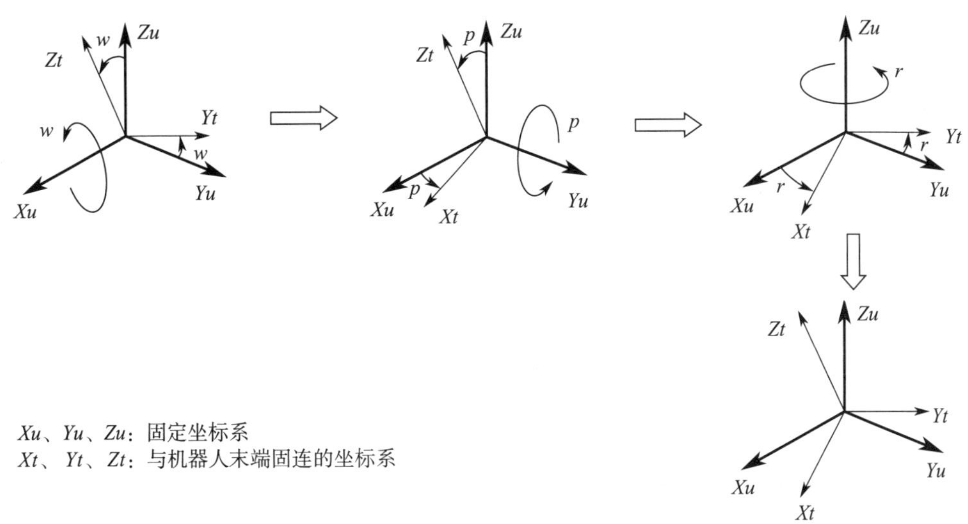

图 2–9　工业机器人姿态描述方法

工业机器人的运动位姿除了可用其末端的位姿来描述外，还可以用关节转角来描述。实际上，工业机器人的每一个位姿总是对应着一组关节转角。例如，对于具有 6 个自由度的工业机器人，其位姿描述也可表示为（θ_1，θ_2，θ_3，θ_4，θ_5，θ_6），如图 2–10 所示。

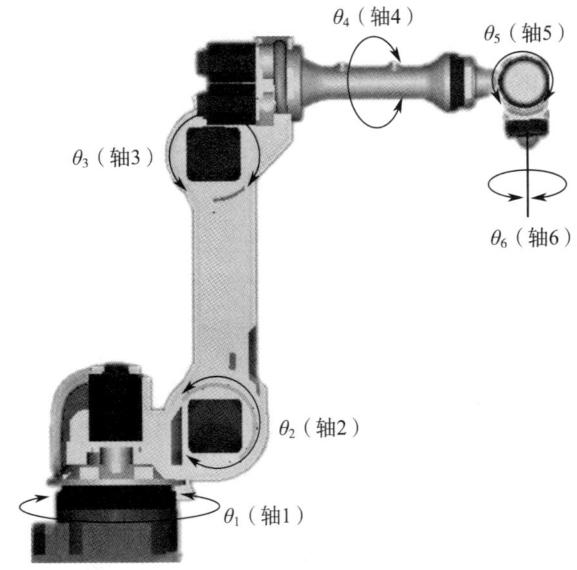

图 2–10　工业机器人位姿的关节坐标描述

2. 工业机器人的多自由度

工业机器人的自由度通常也称为关节轴数，是反映机器人运动灵活性的指标。自由度越高，工业机器人的灵活性越高。工业机器人通常包含 3 个及以上的自由度，自由度的选择通常取决于机器人的应用场合。在实际生产中常用的是六自由度工业机器人，其包含 6 个关节轴，各个关节轴的协调运动共同决定了机器人末端的位姿。在 6 个关节轴中，用于保证末端执行器达到工作空间任意位置的轴称为基本轴或主轴，用于实现末端执行器任意空间姿态的轴称为腕部轴或次轴。六自由度工业机器人关节轴的定义见表 2–1。

表 2–1　六自由度工业机器人关节轴的定义

轴类型	轴名称				运动说明
	ABB	FANUC	YASKAWA	KUKA	
主轴（基本轴）	轴 1	J1	S 轴	A1	本体回转
	轴 2	J2	L 轴	A2	大臂运动
	轴 3	J3	U 轴	A3	小臂运动
次轴（腕部轴）	轴 4	J4	R 轴	A4	手腕旋转运动
	轴 5	J5	B 轴	A5	手腕上下摆动
	轴 6	J6	T 轴	A6	手腕圆周运动

3. 工业机器人的外围设备

工业机器人的外围设备是确保生产效率的不可低估的因素。在图 2–11 所示的复杂应用场景中，工业机器人通常需要组合各类外围设备来提高安全性，扩展功能，实现机器人的系统集成等。这些外围设备通常包括 PLC（可编程逻辑控制器）、传感

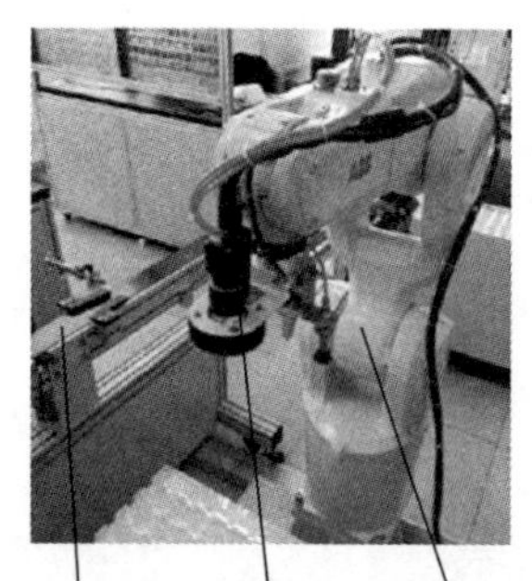

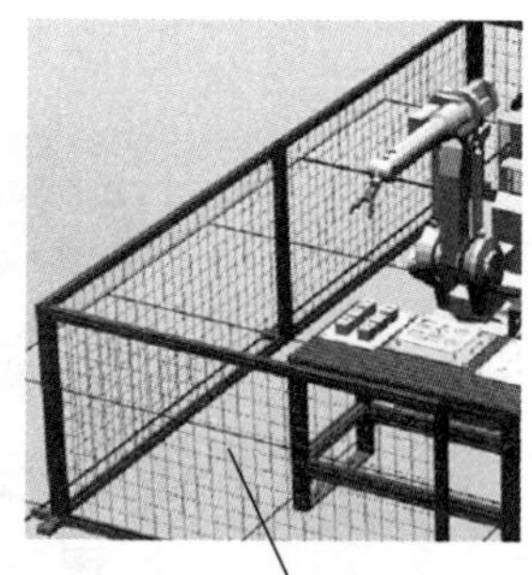

图 2–11　工业机器人的复杂应用场景

器、线性滑轨、安全围栏、变位器、光栅等。

（1）**PLC**。PLC 是专门为工业环境和工业过程控制所设计的控制器，被广泛应用于各类工业设备的逻辑、运动及过程控制。在简单应用场景中，工业机器人本身即可完成控制任务，而在复杂应用场景中，工业机器人需组合各类外围设备，这时通常需要借助 PLC 控制系统，以 PLC 为主控制器，实现对工业机器人、流水线或其他设备的协调控制。

（2）**传感器**。传感器用于完成物体运动的检测及定位等功能，配合协调工业机器人的运动路线，根据接收到的信息，对工业机器人的行为进行调整。

（3）**线性滑轨**。线性滑轨为工业机器人添加了一个轴向运动，从而增大了工业机器人的工作空间。

（4）**安全围栏**。为了保障设备和操作人员的安全，通常将工业机器人及相关组合的外围设备放置在安全围栏内，并允许调试人员通过安全门进入围栏内进行设备调试。当安全门打开时，设备运动停止。

（5）**变位器**。在某些应用场合如弧焊，通常将工件安装于变位器（见图 2–12）上，在工业机器人附加轴的控制下，变位器带动工件与工业机器人本体协调动作，以获得理想的加工位置和加工速度。

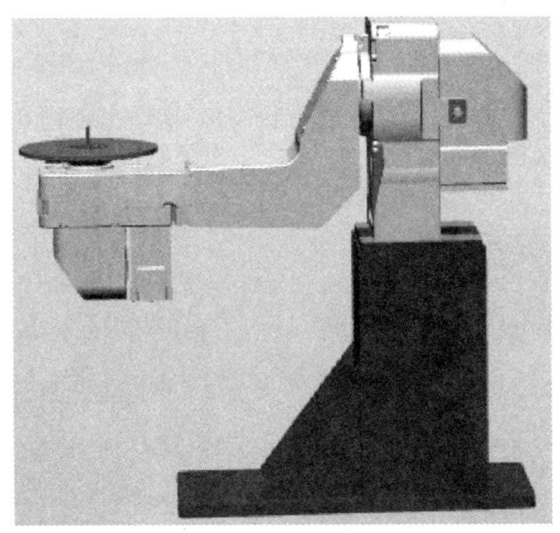

图 2–12　变位器

4. 工业机器人的碰撞检测

随着生产制造自动化程度的日益提高，人们越来越重视工业机器人的应用，也对其智能化、安全性等方面提出了更高的要求。

在传统工业机器人应用中，人机交互较少，为保证机器人的安全运行，往往要求配备安全围栏。而随着生产水平的提高和科学技术的进步，工业机器人的应用日益复杂。在这些应用中，工业机器人需要与人及各种机器设备协同作业，因此对其安全性提出了更高的要求。碰撞检测功能正是为应对工业机器人复杂应用中的安全性要求所提出来的。它要求工业机器人控制器能够实时检测机器人与人、机器人与工件、机器人与设备之间是否存在碰撞，判定一对或多对物体在给定时间域的某一时刻是否占有相同区域，并通过相应的控制策略保证工业机器人安全作业。

工业机器人的碰撞检测主要通过以下方法来实现。

（1）**腕力传感器检测。**腕力传感器检测通过安装在工业机器人腕部的传感器来检测末端与外部的碰撞力。它具有较高的检测精度，但只能实现工业机器人末端的碰撞检测，使用范围有限，一般用于磨削、装配等操作时的检测。

（2）**感知皮肤检测。**感知皮肤检测通过覆盖在工业机器人全身的感知皮肤来检测其任意部位与外界的碰撞。由于需要全身覆盖感知皮肤，因此这种检测方法成本较高，布线复杂，控制器运算量极大。

（3）**电流或力矩检测。**当工业机器人与外界发生碰撞时，其关节负载力矩增加，这时驱使关节运动的电动机需要更大的电流才能维持工业机器人的运动，因此通过检测电动机电流或力矩即可间接实现碰撞检测。由于该方法无须增加额外的传感器，且能实现工业机器人任何运动部位的碰撞检测，因此应用范围较广。

当碰撞到工件时，工业机器人具有的碰撞检测功能可迅速检测碰撞并使自身停止运动。目前，常见的实时性好的碰撞检测算法是离散碰撞检测算法。

5. 工业机器人的软浮动功能

软浮动功能是为避免工业机器人与工件之间的刚性作用造成破坏而开发的，它使工业机器人能够自动适应工件的外形来调整抓取位置和角度，主要用于工件抓取和机床上下料操作。软浮动功能开启后，工业机器人可受外力改变姿态，姿态改变量可通过参数设置。

二、工业机器人系统的组成

如图 2–13 所示，工业机器人系统一般由机器人本体（机械单元）、控制柜、示教器等组成。

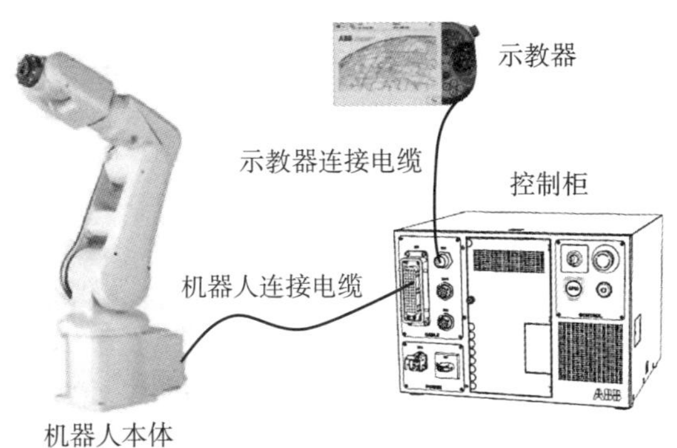

图 2–13　工业机器人系统的组成

1. 工业机器人本体

从功能结构的角度来看，工业机器人本体主要包括手部、手腕、手臂和机身四个部分，如图 2–14 所示；从机构学的角度来看，工业机器人本体则由关节及关节与关节之间的连杆组成，如图 2–15 所示。工业机器人本体的主要功能是执行所设定的运动，完成作业任务。

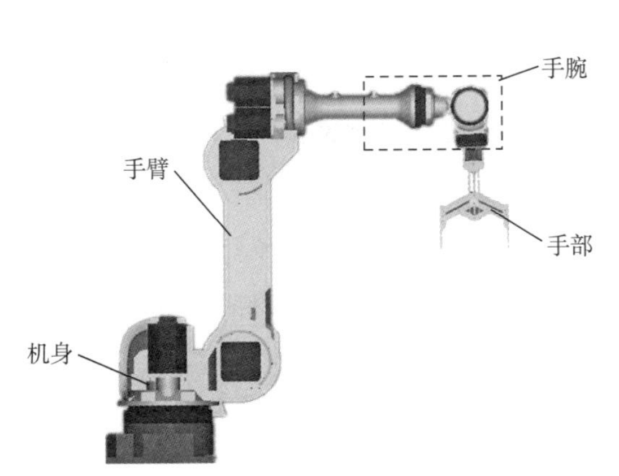

图 2–14　工业机器人本体的功能结构

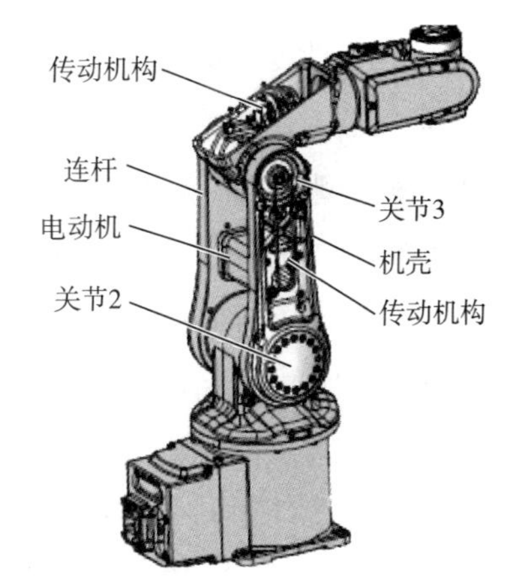

图 2–15　工业机器人本体的关节结构

（1）手部。工业机器人手部又称末端执行器、夹持器，安装在工业机器人末端，是直接抓握工件或执行作业的部件。工业机器人作为一个通用设备，要执行搬运、焊接、加工等多种作业，其操作对象种类繁多，随工作任务的不同而不同。而一般用于棒类零件的手部不能用于盒类零件，因此若将手部做成标准件，则通用性较差。工业机器人厂家通常不将手部作为标准件提供，而仅仅在工业机器人末端设置机械、电气及气动连接接口。图 2–16 所示为某款工业机器人末端用于安装手部的手腕法兰。从工作原理上划分，工业机器人的手部可分为夹钳式手部、吸附式手部、专用操作器（如焊枪）等。在图 2–17 中，夹钳式手部和吸附式手部通过手腕法兰安装于工业机器人末端。

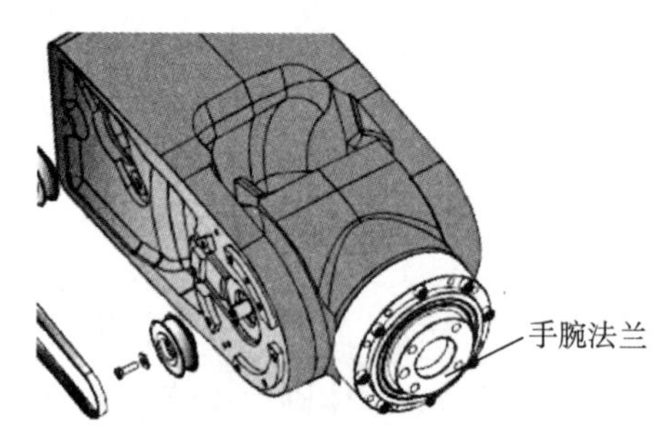

图 2–16　工业机器人手腕法兰

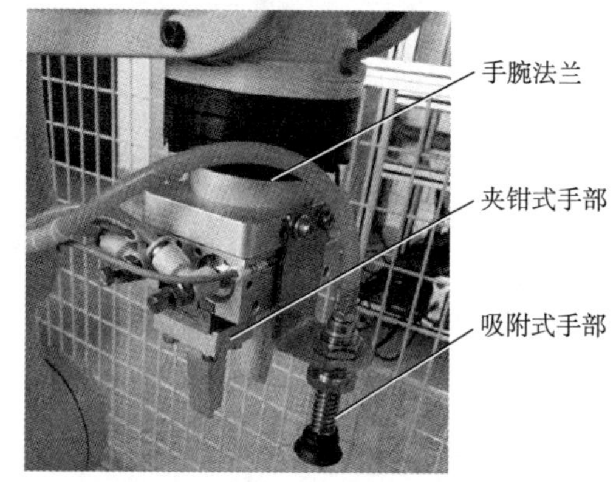

图 2–17　夹钳式手部和吸附式手部

（2）手腕。工业机器人手腕是连接手臂和手部的器件。在运动过程中，工业机器人手腕用于改变手部及工件的姿态（方向），即绕三个正交方向的转动。

工业机器人手腕关节可分为回转型和折曲型两种。

1）回转型。回转型手腕关节绕杆件轴线做回转运动，能够实现 360° 无障碍旋转，通常用 R 来标记，如图 2–18a 所示。

2）折曲型。折曲型手腕关节的杆件轴线与回转轴线相互垂直，由于受到机械结构的限制，其相对转动角度一般小于 360°，通常用 B 来标记，如图 2–18b 所示。

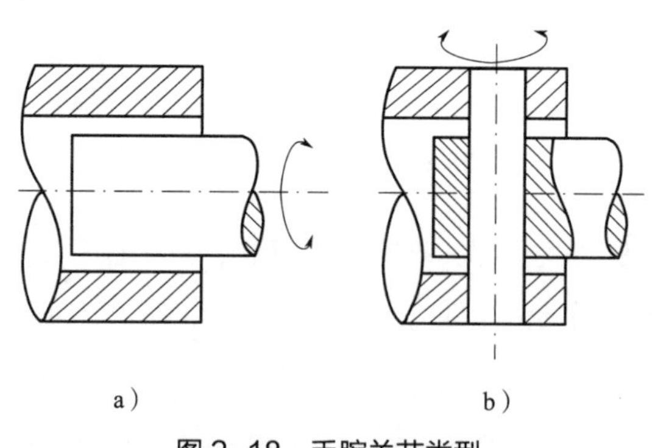

图 2–18　手腕关节类型

a）回转型　b）折曲型

对于三自由度工业机器人，其手腕的三个转动可以由上面两种转动关节任意组合完成，常见的结构形式为 RBR 型、BBR 型和 3R 型。手腕位于工业机器人末端，远离机身，因此从负载及系统动态性能考虑，驱动其做转动运动的电动机一般也布置在远离机器人末端的位置，并采用连杆进行运动传递，如图 2–19 所示。

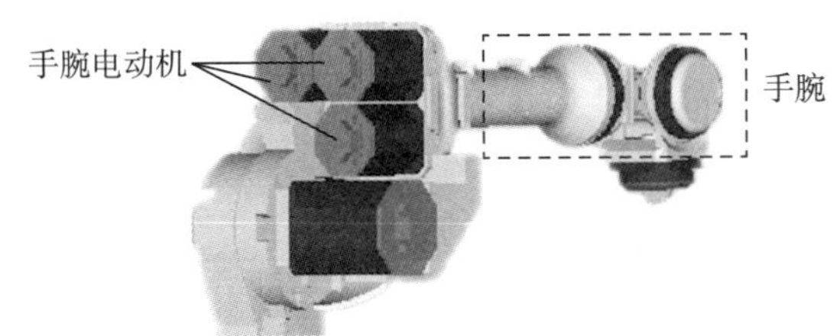

图 2–19　手腕电动机

（3）**手臂。**工业机器人手臂用以支撑手腕、手部及工件，并在物料搬运过程中改变工业机器人手部的位置。

（4）**机身。**机身是工业机器人的基础件，一般具有绕竖直方向轴线回转的自由度，通过底座与地面或机架固定。

（5）**关节。**工业机器人关节是允许各连杆相对运动的机构，分为移动关节和转动关节，主要由驱动元件、传动装置、支撑连接装置（机壳、螺栓等）等组成。

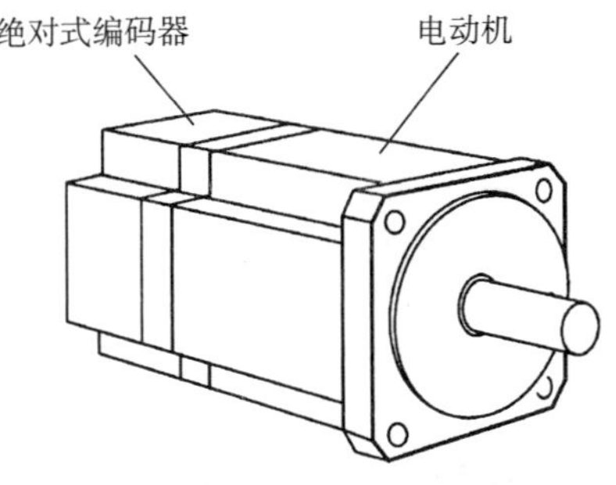

图 2–20　交流伺服电动机

1）驱动元件。工业机器人一般采用交流伺服电动机作为驱动元件，通过传动装置将运动和力传递到各个关节处，并带动手臂运动。工业机器人用交流伺服电动机主要由电动机、绝对式编码器组成，如图 2–20 所示，部分关节处的电动机还带抱闸单元。电动机主要包括转子和定子，其将电能转化为机械能，驱动关节运动。绝对式编码器记录关节的当前转角及转速，并反馈给控制器实现关节运动的闭环控制。抱闸单元在工业机器人失电时抱死电动机轴，以防止工业机器人因失电不能保持当前位置，与其他设备发生碰撞，造成设备损坏。

2）传动装置。传动装置将来自电动机的运动和力传递至各连杆，并最终带动工业机器人手部及工件产生运动。工业机器人传动装置通常包括谐波减速器、RV（旋转矢量）减速器、齿轮箱、同步带等。

2. 控制柜

控制柜是工业机器人运动控制和状态监控的核心部件，主要包括操作面板和各种连接接口等。控制柜的操作面板主要用以通 / 断电、启停、急停、操作模式选择等。控制柜连接接口包括：机器人连接接口（用以连接机器人电动机、编码器、抱闸单元、机器人 I/O 等），示教器连接接口（用以连接示教器），计算机连接接口（用以计算机连接控制，如网口、串口等），USB 接口（USB 为“通用串行总线”，USB 接口用以文件备份、程序下载等）等。

3. 示教器

示教器（Teach Pendant，简称 TP）是操作人员用以操作工业机器人的重要器件，它实际上属于工业机器人的人机交互系统，具有点动机器人、编写机器人程序、查看机器人状态、进行参数设置等功能。示教器通过电缆与控制柜相连。

技能要求

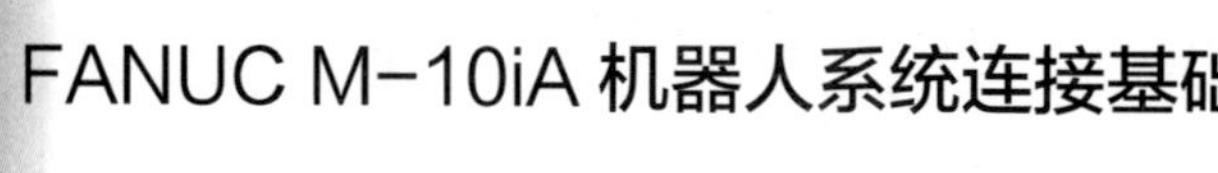

操作要求

1. 观察机器人系统结构。
2. 正确连接机器人示教器与控制柜。
3. 正确连接机器人本体与控制柜。

操作准备

序号	名称	规格型号	数量
1	机器人	FANUC M-10iA	1 个
2	控制柜	R-30iB Mate	1 个
3	示教器	iPendant	1 个

操作步骤

步骤 1　打开控制柜柜门，将三相 200 V 交流电源连接至控制柜中的断路器。

步骤 2　将示教器连接电缆从控制柜引出的一端插入示教器底部的连接端口，并将螺纹紧固，如图 2-21 所示。

图 2-21　示教器与控制柜连接

步骤 3　将机器人连接电缆从控制柜引出的一端插入机器人底部的 RMP 端口（FANUC 机器人连接电缆的一个专用接口），并扣上安全锁扣，如 2-22 所示。

图 2-22　机器人与控制柜连接

步骤 4 将黄绿相间的接地线一端连接机器人底部的接地端，另一端连接机器人控制柜，如图 2-23 所示。

图 2-23 接地线连接

注意事项

1. 插入电缆连接端口时，需对准方向，尝试着插入。
2. 插入电缆之后，需螺纹紧固或扣上安全锁扣，以免电缆由于外力而脱落。

学习单元 3 工业机器人技术参数

学习目标

◆ 掌握工业机器人的主要技术参数

◆ 能够根据工作需求选择合适的工业机器人

知识要求

工业机器人选型手册通常会提供类似表 2–2 所示的技术参数，以便用户选择合适的机器人。这些技术参数涉及自由度、定位精度、工作空间、运动特性、承载能力等。

表 2-2　　FANUC R-0iB 机器人的技术参数

项目		参数
控制轴数		6 轴（J1、J2、J3、J4、J5、J6）
可达半径		1 437 mm
动作范围	J1 轴旋转	240°（225°/s）
	J2 轴旋转	250°（215°/s）
	J3 轴旋转	455°（225°/s）
	J4 轴手腕旋转	380°（425°/s）
	J5 轴手腕摆动	280°（425°/s）
	J6 轴手腕旋转	720°（625°/s）
手腕负重		3 kg
手腕允许负载转矩	J4 轴	8.9 N · m
	J5 轴	8.9 N · m
	J6 轴	3.0 N · m
重复定位精度		± 0.08 mm

一、工业机器人的自由度

工业机器人的自由度是指机器人手部所具有的独立坐标轴数目，或机器人具有的关节轴数目，不包括手部的开合动作。描述空间中物体的位置和姿态需要 6 个参数，因此工业机器人通常具有 6 个自由度，以达到工作空间中的任意位置和姿态要求。在某些应用条件下，工业机器人的轴数也可能多于或少于 6 个。

二、工业机器人的定位精度

工业机器人的定位精度通常是指机器人手部的定位精度和重复定位精度。定位精度反映的是工业机器人手部实际位置与目标位置之间的差值。重复定位精度反映的是工业机器人多次定位其手部于同一目标位置的能力。

三、工业机器人的工作空间

工业机器人的工作空间是指机器人手腕中心所能到达的所有点的集合。工业机器人只能在工作空间内作业，因此其形状和大小十分重要。工作空间通常用“可达半径”来表示，但由于机器人各杆件之间的机械干涉与各关节的转动限制，工业机器人的工作空间形状并不规则。FANUC R-0iB 机器人的工作空间如图 2-24 所示。另外，也可用关节转角范围来表明工业机器人各个关节的运动情况。

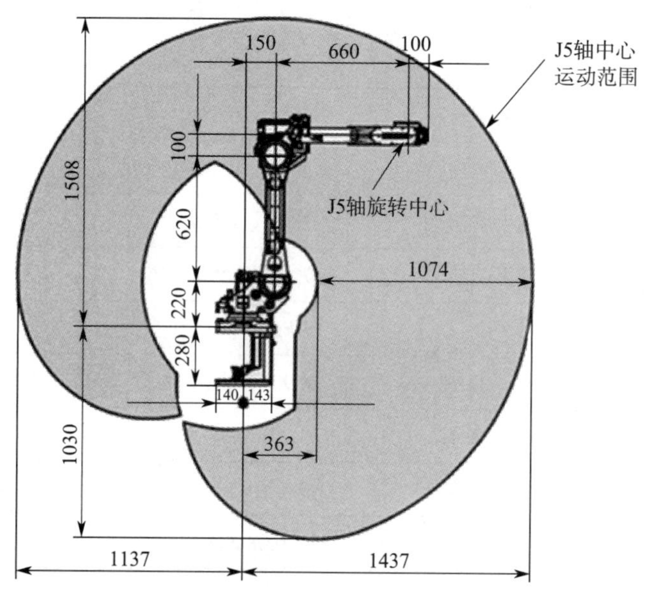

图 2-24　FANUC R-0iB 机器人的工作空间

四、工业机器人的运动特性

工业机器人的运动特性通常用速度和加速度来表示。速度决定了工业机器人运动的快慢，一般用各个关节的最大运动速度衡量，单位为 °/s。

五、工业机器人的承载能力

工业机器人的承载能力（负重）是指机器人在工作范围内的任何位姿上所能承受的最大质量。承载能力是工业机器人的一个重要技术参数，决定了所能拾取的工件质量规格，通常体现在工业机器人的具体型号中。例如，R-1000iA/80F 和 R-1000iA/100F 分别代表负重为 80 kg 和 100 kg 的两种工业机器人；又如，IRB 1600-6 和 IRB 1600-10 分别代表负重为 6 kg 和 10 kg 的两种工业机器人。

学习单元 4　工业机器人分类与应用

学习目标

◆ 了解工业机器人的分类和应用

一、工业机器人的分类

1. 按品牌分类

随着劳动力成本的上升和产业转型升级的需要，工业机器人作为一种技术成熟的通用自动化设备得到产业界的广泛重视和应用。国内、外出现了一批具有较大影响力的著名工业机器人生产商，如瑞典的 ABB、德国的 KUKA、日本的 FANUC 和 YASKAWA、意大利的 COMAU、中国的新松等，其中，前四家生产商被称为“机器人四大家族”，其占据的全球机器人市场份额超过 60%。

（1）ABB 机器人。瑞典的 ABB 是世界上最大的机器人生产商。1974 年，瑞典 ASEA 公司（ABB 的前身）开发了世界上第一台全电力驱动、微处理器控制的工业机器人 IRB 6，主要用于工件的取放和物料的搬运。1988 年，ASEA 与瑞士的布朗·勃法瑞公司（BBC Brown Boveri）合并为 ABB，成为电力和自动化技术领域的领导厂商。1998 年，ABB 基于 Delta 并联机器人开发出当时世界上最快的机器人 FlexPicker。2002 年，ABB 成为世界上第一个突破 10 万台机器人销售量的厂家。

（2）KUKA 机器人。KUKA 是世界上领先的工业机器人制造商之一。KUKA 于 1898 年在德国奥格斯堡成立，最初主要专注于室内与城市照明，随后涉足焊接工具及设备。1973 年，KUKA 研发出世界上首台拥有 6 个机电驱动轴的工业机器人——FAMULUS，开创了作为机器人先驱的辉煌历史。2007 年，KUKA 推出世界上最大、力量最强的工业机器人——KR Titan（承载能力为 1 000 kg，可达半径为 1 600 mm）。2013 年，KUKA 推出世界上首台用于工业领域的轻型感知型机器人——LBR iiwa。2016 年，美的集团对 KUKA 展开收购，获得了 85% 的股份。

（3）FANUC 机器人。1972 年，日本富士通公司的计算机控制部门独立出来成立了 FANUC 公司，FANUC 是世界上最大的专业数控系统生产厂家，占据全球 70% 的数控系统市场份额。1974 年，FANUC 首台机器人问世。2008 年，FANUC 成为世界上第一个装机量突破 20 万台的机器人厂家。2011 年，FANUC 全球机器人装机量超过 25 万台，市场份额居第一。经过多年的技术发展与创新，FANUC 成为了世界上第一家由机器人来制造机器人的公司，同时也是世界上第一家提供集成视觉的机器人企业。

（4）YASKAWA 机器人。安川电机（YASKAWA Electric）成立于 1915 年，是世界一流的运动控制领域专业生产商，其伺服电动机是全球销量最大、使用行业最多的品牌产品，在我国占据了最大的市场份额。1977 年，YASKAWA 推出日本第一台全电工业机器人 MOTOMAN-L10。经过多年的发展，YASKAWA 已成为除 ABB、KUKA 和 FANUC 以外的“机器人四大家族”之一。

（5）COMAU 机器人。COMAU 成立于 1976 年，总部位于意大利都灵，隶属菲亚特集团。1978 年，COMAU 推出其第一台工业机器人 POLAR HYDRAULIC。2006 年，COMAU 推出第一个无线机器人示教器。经过几十年的技术发展与创新，COMAU 成为提供机器人自动化集成解决方案的卓越厂商。

（6）新松机器人。新松公司成立于 2000 年，隶属中国科学院，是一家以机器人技术为核心，致力于数字化智能制造装备的高科技上市企业，是全球机器人产品线较全的厂商之一。

2. 按功能分类

按功能分类，工业机器人分为搬运机器人、焊接（点焊、弧焊和超声波焊）机器人、涂胶机器人、喷涂机器人、装配机器人等。

焊接机器人可大致分为三代：第一代采用示教再现工作方式；第二代采用基于一定传感信息的离线编程工作方式；第三代采用基于多种传感器，接收作业指令后能根据客观环境自行编程的高度适应性工作方式。

3. 按承载能力和工作空间分类

按承载能力和工作空间分类，工业机器人分为：超大型机器人（负重大于 1 000 kg），大型机器人（负重为 100 ~ 1 000 kg，工作空间为 10 m^2），中型机器人（负重为 10 ~ 100 kg，工作空间为 1 ~ 10 m^2），小型机器人（负重为 0.1 ~ 10 kg，工作空间为 0.1～1 m^2），超小型机器人（负重小于 0.1 kg，工作空间小于 0.1 m^2）。在常用的规格型号中，工业机器人的负重有 3 kg、6 kg、10 kg、80 kg、100 kg 和 200 kg。例如，FANUC R-1000iA 型机器人分为 80 kg 和 100 kg 两种，ABB IRB 1600 型机器人分为 6 kg 和 10 kg 两种。

4. 按结构形式分类

按结构形式分类，工业机器人分为直角坐标型机器人、圆柱坐标型机器人、球坐标型机器人、关节坐标型机器人和平面关节型机器人。

（1）直角坐标型机器人。直角坐标型机器人又称笛卡尔坐标型机器人或台架型机器人，由三个移动关节组成，其末端可沿三个正交方向移动，其工作空间形状为一立方体，如图 2-25 所示。

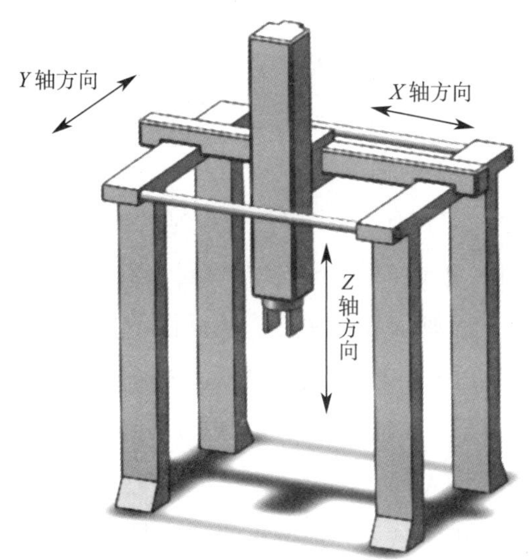

图 2-25　直角坐标型机器人

（2）圆柱坐标型机器人。圆柱坐标型机器人由两个移动关节和一个转动关节组成，其工作空间形状为一圆柱体。早期出现的工业机器人 Verstran 即为圆柱坐标型机器人。

（3）球坐标型机器人。球坐标型机器人由一个移动关节和两个转动关节组成，其工作空间形状为一球体。早期出现的工业机器人 Unimate 即为球坐标型机器人。

（4）关节坐标型机器人。关节坐标型机器人的所有关节都为转动关节，类似于人的手臂，因此又称为拟人型机器人。大多数通用型工业机器人都是关节坐标型机器人，如图 2-26 所示，其工作空间形状不规则。

（5）**平面关节型机器人。**平面关节型机器人是关节坐标型机器人的特例，由一个移动关节和两个转动关节组成。

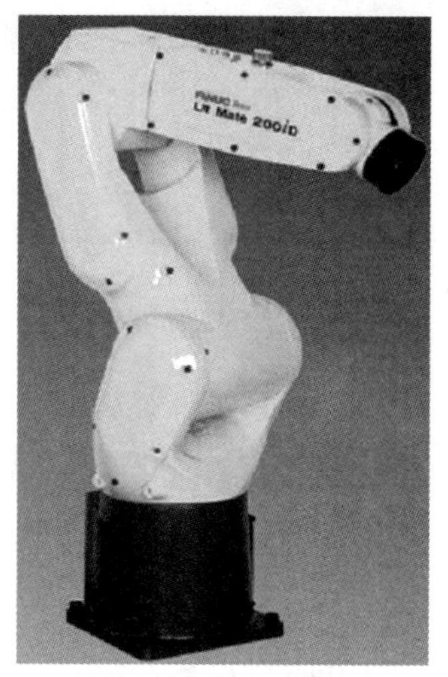

图 2-26　关节坐标型机器人

二、工业机器人的应用

1. 工业机器人在不同行业中的应用

由于工业机器人具有通用性好、可靠性高、效率高等特点，可以代替人完成危险、重复、枯燥、耗费体力的劳动，因此被广泛应用于汽车、电子、食品、制药等行业。

（1）**汽车行业应用。**汽车制造过程中存在大量危险、重体力、重复、枯燥且可靠性要求高的工作，非常适合由工业机器人代替工人来完成。有统计数据表明，工业机器人在汽车及相关零配件行业中的应用占总应用的 60% 以上。从生产工艺的角度来看，工业机器人在汽车行业中的应用主要有焊接、喷涂、涂胶、装配、搬运等。

（2）**电子行业应用。**电子电路中通常需要安装、焊接大量细小的电子元器件，这项工作若采用人工操作，则存在效率低、可靠性不高等问题，而采用工业机器人操作是一个更好的选择。据统计，工业机器人在电子行业中的应用约占总应用的 30%，是继汽车及相关零配件行业之后的第二大应用行业。电子行业应用最多的工业机器人是平面关节型的 SCARA 机器人。

（3）**食品行业应用。**由于劳动力成本上升、产品质量要求日益严格和生产效率要求提高，食品行业越来越注重工业机器人应用。工业机器人在食品行业的应用主要有包装、分拣、码垛、加工等。其中，包装机器人主要用于体积大而笨重物件的搬运、装卸、堆叠等。

（4）**制药行业应用。**制药是近代崛起的重要工业及关系人类健康的朝阳行业。中国现有 3 900 多家制药公司。一方面，随着药物需求的增长，制药公司不断地寻找新的方法来提高生产效率；另一方面，药物制造过程存在许多对人体有害的因素，药物制造迫切需要提高自动化程度。目前，药物制造自动化程度较低，上升空间较大。工业机器人在制药行业的应用主要有包装、检测、仓储运输和管理等。

2. 工业机器人的应用领域

（1）**点焊。**汽车车身是通过对冲压件进行电阻点焊连接而成的，焊接质量直接关系车身的牢固程度，因此可靠实施点焊非常重要。一般汽车车身上的焊点多达数千个，且点焊加工会极大损害工人的健康，因此汽车车身的点焊通常由工业机器人来完成，这可提高焊接的效率和质量，如图 2–27 所示。

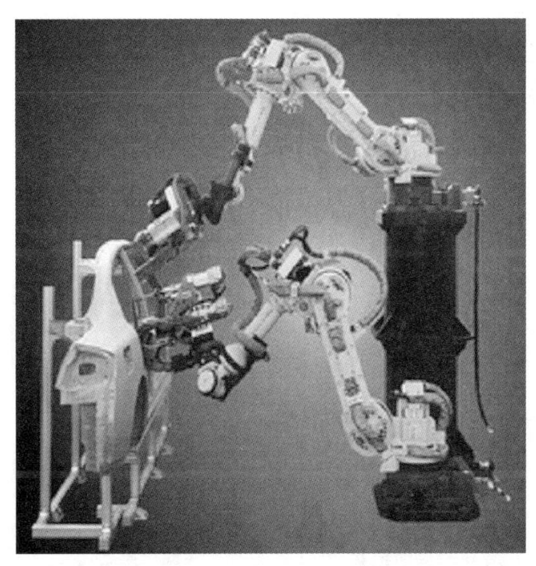

图 2–27　工业机器人点焊车身

（2）**弧焊。**由焊接电源供电，在工件与焊枪形成的两极间产生强烈而持久的电弧，用电弧将焊丝熔化来连接工件的方法称为弧焊。弧焊操作时，存在弧光、烟尘、飞溅、热辐射等不利于操作人员身体健康的因素，因此工厂中的弧焊通常由工业机器人来完成。工业机器人弧焊系统如图 2–28 所示，通常包括机器人、焊接电源、送丝机、焊枪等。与点焊的离散点焊接操作不同，弧焊需沿焊缝连续焊接。工业机器人在弧焊中的主要作用是在焊接时以适当的速度和力度跟踪焊缝，保证焊接质量。

（3）**喷涂。**喷涂过程中产生的有害物质会对操作人员的身体产生极大的损害。为改善劳动环境、提高喷涂效率和质量，从 20 世纪 90 年代起，汽车工业开始引入工业机器人技术并得到迅速发展。汽车外壳喷涂大多由工业机器人来完成，随着技术的成熟，汽车内部喷涂也逐渐采用工业机器人来实现。喷涂机器人系统包括机器人本体、雾化喷涂系统和喷涂控制系统。工业机器人喷涂如图 2–29 所示。

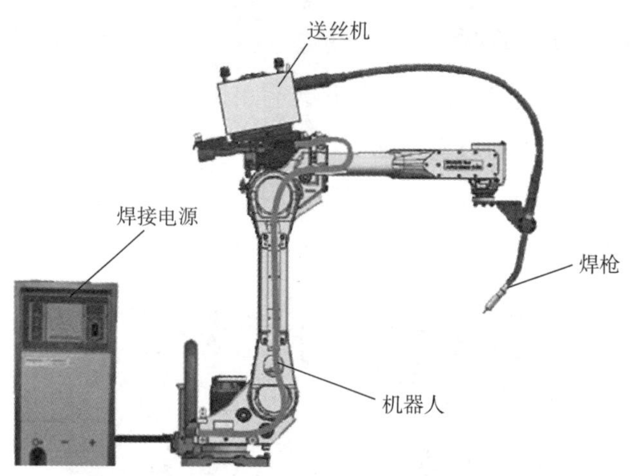

图 2-28　工业机器人弧焊系统

图 2-29　工业机器人喷涂

（4）涂胶。涂胶是将胶黏剂、密封胶涂抹在工件上，以起到坚固、防锈、密封、隔热、减振等作用的工艺，它还能代替某些部件的焊接、铆接等工艺，在工业界尤其是汽车制造领域发挥着越来越重要的作用。用工业机器人代替人进行涂胶作业可提高涂胶的质量和效率。工业机器人进行汽车挡风玻璃涂胶如图 2-30 所示。

（5）装配。采用工业机器人进行装配可以将工人从枯燥烦琐的装配作业中解放出来，且能提高装配的精度、柔性和自动化程度。较早出现的装配机器人有 PUMA 机器人和 SCARA 机器人。FANUC 机器人本身是由工业机器人完成装配的。

图 2-30　工业机器人进行汽车挡风玻璃涂胶

（6）**搬运**。工业机器人搬运是指安装有特定手部的机器人抓取工件并将其从一个位置移到另一个位置的操作，如图 2-31 所示。工业制造领域存在大量的、各种类型的物料搬运，机器人上下料、物料分拣、码垛等可归结为具有特定功能的搬运操作。机器人安装不同的末端执行器即可完成不同形状和材质工件的搬运，大大减轻了繁重的体力劳动，是工业机器人应用较为广泛的领域之一。工业机器人搬运可以大大地提高生产效率和工作质量，节省人力和资源，有助于实现生产自动化。

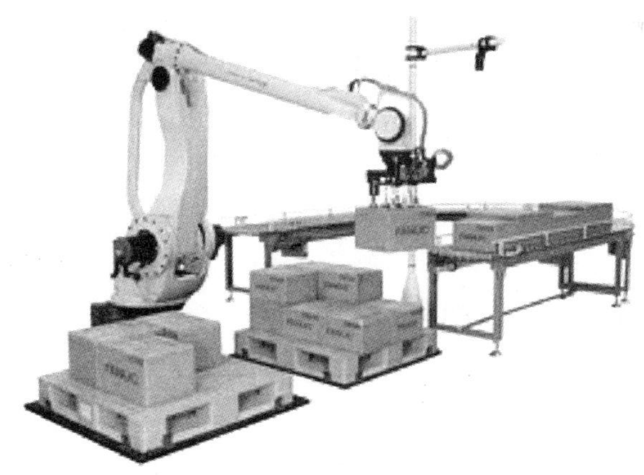

图 2-31　工业机器人搬运

另外，工业机器人还用于常规复杂形状工件（如汽车轮毂、航空叶片、管件、精密铸造件等）的打磨抛光，以及人体不能接触的洁净产品（如食品、药品等）的包装，特别是生物制品和微生物制剂及对人体有害的化工原料的包装。

第 3 章　工业机器人基础操作

学习单元 1　工业机器人安全操作

学习目标

- 掌握安全操作规范
- 了解工业机器人常规维护与保养
- 熟悉工业机器人检测系统
- 熟悉工业机器人安全使用环境要求

知识要求

一、操作人员安全操作规范

1. 操作人员的衣着要求

操作工业机器人时，操作人员必须戴好安全帽，穿好工作服和安全防护鞋，紧扣衣袖纽扣，不得穿戴手套。

2. 操作人员的安全意识

工业机器人操作人员必须要有强烈的安全意识，要明确工业机器人操作的相关规章制度。

3. 操作人员的安全规章

工业机器人是一种特殊的自动化设备，大多需要操作人员近距离地进行示教操作，且会以较快的速度在较大的范围内工作，因此操作人员必须严格遵守相关作业规范。

（1）操作人员必须熟悉工业机器人操作安全标识并遵守相关安全规定。

（2）在进入工业机器人工作空间范围内时，应携带好示教器，以便随时操作控制机器人。

（3）手动操作工业机器人时，应采用较低的运行速度。

（4）示教工业机器人时，应能预测机器人的运动趋势，保证其路线不受干涉。

（5）自动运行工业机器人时，必须知道机器人将要执行的全部任务及相应的动作情况。

（6）必须清楚知道工业机器人控制器及外围设备急停按钮的位置，能够在紧急情况下按下急停按钮。

（7）不要认为工业机器人没有移动时，其程序就已经运行完成。

二、工业机器人安全注意事项

1. 工业机器人维护与检修注意事项

（1）工作人员进行工业机器人维护时，必须关闭控制器电源。

（2）检修时，若需对工业机器人进行操作，应配置两名人员。

（3）工作人员检修时，必须依据工业机器人维修说明书进行操作。

2. 工业机器人保养注意事项

定期保养可以保证工业机器人始终处于良好的工作状态，便于发现潜在的危险，延长其使用寿命。工业机器人的保养一般分为日常保养、三个月保养、六个月保养、一年保养、三年保养。

（1）日常保养

1）检查工业机器人是否存在不正常的噪声和振动，检查电动机温度是否正常。

2）检查工业机器人外围设备是否正常工作。

3）检查工业机器人关节轴抱闸是否正常有效。

（2）三个月保养

1）检查控制电缆是否存在破损。

2）检查工业机器人控制器的散热风扇是否正常。

3）检查接插件是否固定良好。

4）拧紧盖板和各种附件。

5）清除机器上的灰尘和杂物。

（3）六个月保养

1）更换平衡块轴承的润滑油。

2）完成三个月保养项目。

（4）一年保养

1）更换工业机器人本体上的电池。

2）完成六个月保养项目。

（5）三年保养

1）更换工业机器人减速器润滑油。

2）完成一年保养项目。

3. 工业机器人测试运行注意事项

在工业机器人安装或示教完成后，需要对其运行状态进行测试。工业机器人安装完成后，需在低速手动模式下对其重复定位精度、工作空间、运动速度及其他运动参数进行测试。工业机器人示教完成后，可先后在低速手动模式和全速手动模式下对机器人程序进行单步运行测试及连续运行测试。

4. 工业机器人电源注意事项

在接入工业机器人电源时，一定要遵守其电源规格要求，否则机器人不能正常工作，严重情况下会损坏机器人。一般日系工业机器人采用日本的电源规格，为三相 200 V；欧系工业机器人为三相 380 V。为了适应中国的电源规格，一部分引入中国的小功率工业机器人也采用单相 220 V。

不同电源规格的工业机器人具有不同的功率，因此必须保证供电设备具有足够的功率，以确保机器人正常工作。

5. 工业机器人运动行程注意事项

由于各个构件的干涉作用及工业机器人内部线缆缠绕等，工业机器人各关节轴具有一定的运动范围，称为行程极限。各关节轴的行程极限决定了工业机器人异常复杂的工作空间。操作人员应熟悉工业机器人的工作空间，在进行操作时，应避免进入其正常工作范围，防止造成人员或设备损害。

6. 工业机器人周边环境安全注意事项

（1）工业机器人检测系统。 工业机器人检测系统不仅是保证工业机器人按照规定的轨迹进行运动的前提，而且是工业机器人能顺利避开周边环境障碍所必需的条件。在不同的实际工作要求下，工业机器人的具体结构不同，从而导致其检测方案不同。工作中，应根据常用工业机器人的工作要求、具体结构，结合项目的需求，建立相对应的检测方案。

工业机器人检测系统由定位检测系统、避障检测系统和压力检测系统组成。工业机器人定位检测系统可以实现机器人位置和姿态检测。工业机器人在运动过程中的位置和姿态不断发生变化，为对机器人进行准确定位并保证其按照规定的轨迹运动，需要对其位置和姿态信息进行检测并处理。工业机器人避障检测系统可以实现障碍实时检测，从而保证机器人按既定的轨迹运动。工业机器人压力检测系统可以实现运动部件及系统压力实时检测，从而保证作业过程顺利进行。

1）工业机器人定位检测系统。工业机器人的定位精度与测量过程中使用的传感器种类、型号及精度有关。根据传感器的不同，可将定位分为两类。

一类是通过方位角传感器、转角电位计、光码盘等感知和测量工业机器人的运动状态，并将测量的数据进行累加得到工业机器人位置信息。该方法具有定位系统简单、成本较低等优点，但在定位过程中，定位误差会逐渐累积。

另一类是利用惯性传感器如陀螺仪和加速度计等对工业机器人自身的运动状态进行检测，并将检测数据进行积分运算得到工业机器人位置信息。该方法具有隐蔽性好、对外界环境依赖较小等优点，但随着时间的延长，惯性传感器误差会逐渐发散，检测误差会较大。

2）工业机器人避障检测系统。工业机器人的工作环境中可能会存在某些不确定的障碍物，为保证正常工作，工业机器人需要具有检测外部环境中障碍物的能力。工业机器人避障检测系统能根据机器人的实际工作环境及项目条件，采用视觉传感器、红外线、超声波对外部环境进行检测，实现避障。

3）工业机器人压力检测系统。工业机器人在工作过程中需要的力是由气压提供的，为保证机器人能准确有序地工作，需要对其气压系统进行检测。工业机器人压力检测系统利用集成气压传感器分别对机器人工作部件及相关气压部件的压力进行测量，然后将传感器测量的数据通过传输电路输入单片机进行处理，从而实现对工业机器人的压力检测。

（2）工业机器人安全使用环境。工业机器人作为一种特殊的自动化设备，只有在合适的温度、湿度和安全环境下才能投入使用。在以下环境中不可使用工业机器人：

1）燃烧的环境；

2）有爆炸可能的环境；

3）存在无线电干扰的环境；

4）液体环境。

另外，在某些特殊的应用场合，工业机器人只有配备特定的设备才能使用，如焊接机器人需配备通风管道。

学习单元2 工业机器人系统基础操作

学习目标

◆ 熟悉工业机器人系统基础操作要素

◆ 能够熟练进行工业机器人开、关机

知识要求

一、电气控制柜操作

1. 电气控制柜基础知识

电气控制柜是进行设备控制的主要装置。较早的工业设备控制多为简单的顺序逻辑控制，因此其控制柜的主要元件为由继电器构成的逻辑电路，如今这种控制方式逐渐被淘汰，仅用于一些简单的小型控制系统中。随着工业自动化程度的提高，继电器逻辑控制已经远远不能满足日益复杂的系统结构和控制功能要求，取而代之的是以 PLC 为核心的控制系统。

如图 3-1 所示，为指示和操作方便，电气控制柜通常具有各种指示灯（电源指示灯、运行指示灯、报警指示灯等）、旋钮和按钮（上电旋钮、启动按钮、停止按钮、急停按钮等）。

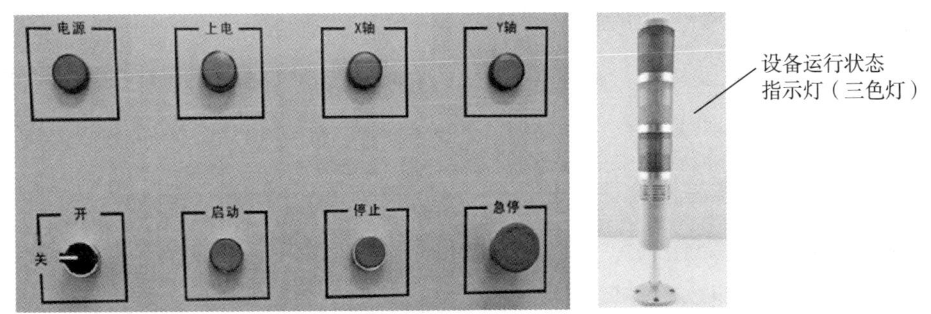

图 3-1　电气控制柜的指示灯、旋钮和按钮

（1）指示灯

1）电源指示灯。电源指示灯用以指示动力电是否已经引入电气控制柜。

2）运行指示灯。运行指示灯用以指示设备是否处于运行过程中。

3）报警指示灯。报警指示灯用以指示设备故障或运行错误，并通常伴有声音提示。

（2）旋钮和按钮

1）上电旋钮。上电旋钮用以接通电源，给电气控制柜上电。上电后，电源指示灯亮。

2）启动按钮。按下启动按钮，设备启动，同时运行指示灯亮。

3）停止按钮。停止按钮用以停止设备运行。

4）急停按钮。在紧急情况下按下急停按钮，设备停止运行。如需恢复系统运行，需在故障排除后复位急停按钮，重新上电和启动设备。

2. 电气控制柜启动与关闭

（1）确认设备处于安全状态。

（2）复位急停按钮。

（3）顺时针转动上电旋钮至“开”位置，电源指示灯亮。

（4）按下启动按钮，此时设备启动，运行指示灯亮。

（5）按下停止按钮，设备停止，运行指示灯熄灭。

（6）逆时针转动上电旋钮至“关”位置，电源指示灯熄灭。

二、工业机器人安全回路启动

1. 工业机器人暂停

按下示教器暂停键，程序将停止运行，示教器显示暂停状态，伺服电动机保持开启，工业机器人减速停止。需要继续运行程序，直接按启动按钮即可。这种暂停操作是根据人的意愿和工作需要来进行的。

2. 工业机器人紧急停止

按下工业机器人急停按钮，程序将停止运行，示教器显示急停状态，伺服电动机断开，工业机器人做不带减速的停止。如果高速运行时进行紧急停止操作，将产生较大的机械冲击，因此非紧急情况下不能按急停按钮。急停解除后，伺服电动机需重新上电，按下启动按钮，工业机器人将按紧急停止前的路径继续运行。

3. 工业机器人报警停止

在运动过程中如有报警发生，工业机器人会立刻停止运动，控制柜上的报警指示灯亮起，同时示教器屏幕出现报警提示，以通知用户。若同时发生多个报警，则可以通过报警日志查询这些报警信息。

三、机器人控制柜

机器人控制柜操作面板如图 3–2 所示。机器人控制柜操作面板上包含电源开关、急停按钮、循环启动按钮、模式选择钥匙开关等器件。

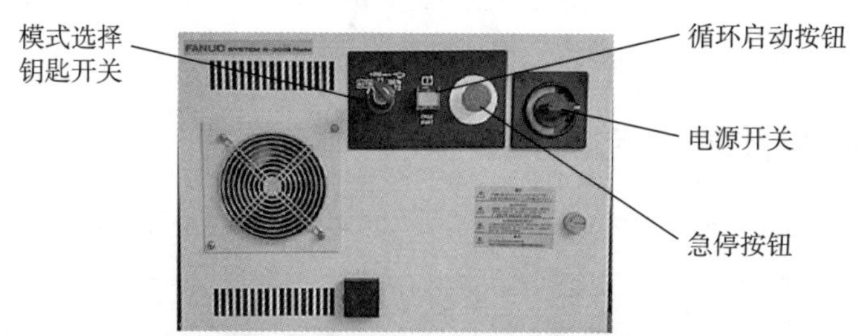

图 3–2　机器人控制柜操作面板

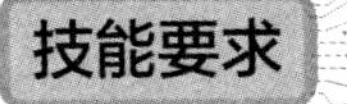

技能要求

FANUC M-10iA 机器人正确开、关机

操作要求

1. 观察机器人控制柜操作面板上的各操作要素。

2. 正确进行机器人开机操作。

3. 正确进行机器人关机操作。

操作准备

序号	名称	规格型号	数量
1	机器人	FANUC M-10iA	1个
2	控制柜	R-30iB Mate	1个

操作步骤

步骤1　开机

（1）接通电源前，检查工作区域各设备是否正常。

（2）将操作面板上的电源开关置于“ON”位置，此时机器人系统自动检查硬件，若无故障将在示教器上显示启动画面。

（3）示教器若显示SRVO-252故障代码，则表示伺服放大器中的电流检测电路异常，需对伺服放大器进行更换。

步骤2　关机

将操作面板上的电源开关置于“OFF”位置。

学习单元3 工业机器人突发情况紧急处理与恢复

学习目标

- ◆ 掌握工业机器人紧急处理办法
- ◆ 掌握工业机器人恢复步骤
- ◆ 掌握工业机器人信息提示装置的种类和提示信息的查看方法

知识要求

一、工业机器人的紧急停止

工业机器人的紧急停止是指在紧急情况下（如机器人运行时有人员进入其工作区域，机器人造成人员或机器损伤），由操作人员操作，停止机器人当前任务的操作。紧急停止优先于工业机器人的其他操作，一旦按下急停按钮，将断开机器人电动机的电源，所有部件运动停止，并切断由机器人系统控制且存在潜在危险的功能部件电源。此时，示教器显示急停状态。

工业机器人一般具有多种紧急停止方式。工业机器人的急停按钮一般位于示教器和控制柜的右上角，按下急停按钮，工业机器人便能立即停止运行。在手动操作情况下释放示教器使能开关，工业机器人也能立刻停止运行。除此之外，为便于操作人员紧急处理，工业机器人控制器还允许串联接入其他外部紧急停止设备，当外部紧急停止有效时，工业机器人停止运行。

二、工业机器人的恢复步骤

如需使工业机器人从紧急停止状态恢复运行，需先排查机器人紧急停止的原因，在确保安全的条件下，按下机器人示教器或控制柜上的复位按钮或引入外部复位信号，以恢复机器人和其他相关设备的运行。

一般而言，工业机器人的恢复步骤如下。

1. 查看故障信息提示，排除故障。

2. 释放急停按钮。

3. 按下复位按钮，以重新开启电动机伺服状态。

三、工业机器人的信息提示

1. 工业机器人信息提示装置

工业机器人系统可以通过控制柜指示灯、示教器指示灯、示教器显示屏等多种途径提示机器人的当前工作状态（如运行、停止、示教编程、报警、故障等），如图 3–3 所示。

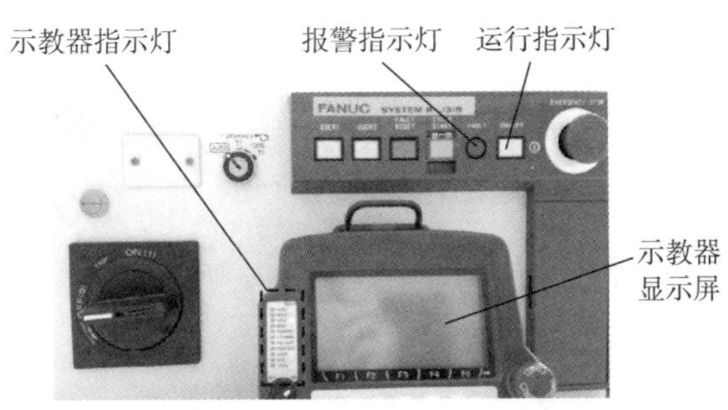

图 3–3　各类信息提示装置

2. 工业机器人提示信息的查看方法

控制柜和示教器上的指示灯简单、直观，直接观察即可。示教器显示屏上所能显示的提示信息丰富多样，且不同运行状态下有不同的提示信息，因此需查阅相关说明。例如，各类工业机器人故障以故障代码的形式显示在示教器显示屏顶端和事件日志中，可查看故障代码集以获得更多信息和寻求相关解决方案。

四、工业机器人的程序管理

为降低故障造成的程序丢失、损坏等所带来的风险，更好地保护程序不被意外修改或保护相关权利人的著作权等，工业机器人程序一般具有备份、恢复、导入、加密等功能。

（1）程序备份。程序备份即将程序保存至外部存储设备中。

（2）程序恢复。程序恢复即恢复中断运行程序的过程，一般需排除引起中断的原因，消除报警，通过启动信号恢复程序运行。

（3）**程序导入。**程序导入即通过导入保存在外部存储设备中的备份程序以恢复程序。

（4）**程序加密。**程序加密即给程序添加密码，以防止程序被意外修改，并保护程序著作权。

技能要求

FANUC M-10iA 机器人急停与恢复

操作要求

1. 观察机器人急停按钮的位置。
2. 正确进行机器人急停处理。
3. 正确进行机器人恢复。

操作准备

序号	名称	规格型号	数量
1	机器人	FANUC M-10iA	1个
2	控制柜	R-30iB Mate	1个
3	示教器	iPendant	1个

操作步骤

步骤 1　按下机器人控制柜操作面板、示教器或外接设备上的急停按钮，示教器报警指示灯亮，并提示错误信息（SRVO-001 或 SRVO-002），如图 3-4 所示。

步骤 2　排除机器人运行故障。

步骤 3　顺时针转动并释放急停按钮。

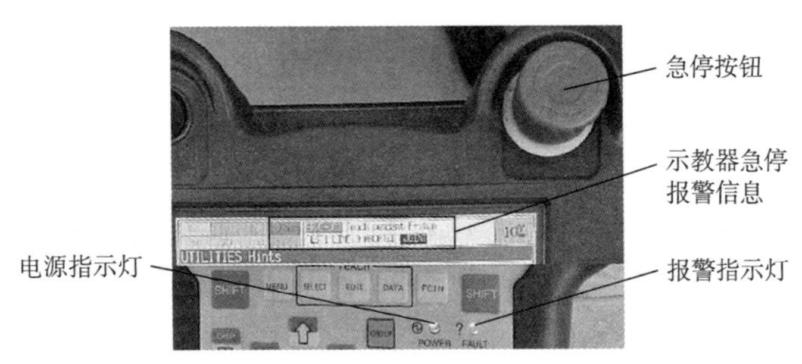

图 3-4　报警信息

步骤 4　点击 RESET 键，进行机器人恢复操作，报警指示灯熄灭。

注意事项

必须在排除机器人运行故障后再进行恢复操作。

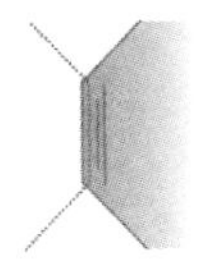

查看 FANUC M-10iA 机器人提示信息

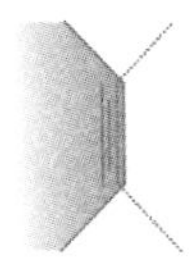

操作要求

1. 查看机器人控制柜提示信息。
2. 查看机器人示教器提示信息。

操作准备

序号	名称	规格型号	数量
1	机器人	FANUC M-10iA	1 个
2	控制柜	R-30iB Mate	1 个
3	示教器	iPendant	1 个

操作步骤

步骤 1　机器人开机。

步骤 2　观察机器人控制柜上的提示信息，如报警指示灯、运行指示灯等。

步骤 3 查看机器人示教器显示屏上的提示信息，如图 3-5 所示。

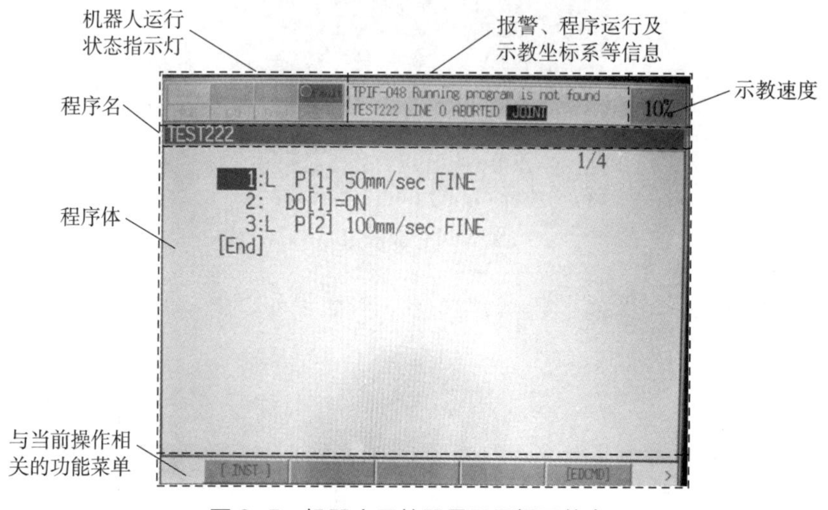

图 3-5 机器人示教器显示屏提示信息

FANUC M-10iA 机器人程序备份与加载

操作要求

1. 正确进行机器人示教器相关操作。
2. 备份机器人程序。
3. 加载机器人程序。

操作准备

序号	名称	规格型号	数量
1	机器人	FANUC M-10iA	1 个
2	控制柜	R-30iB Mate	1 个
3	示教器	iPendant	1 个

操作步骤

步骤 1　备份

（1）将 U 盘插入示教器右端的 USB 接口，如图 3-6 所示。

图 3-6　将 U 盘插入示教器 USB 接口

（2）点击 MENU 键，显示主菜单，如图 3-7 所示。

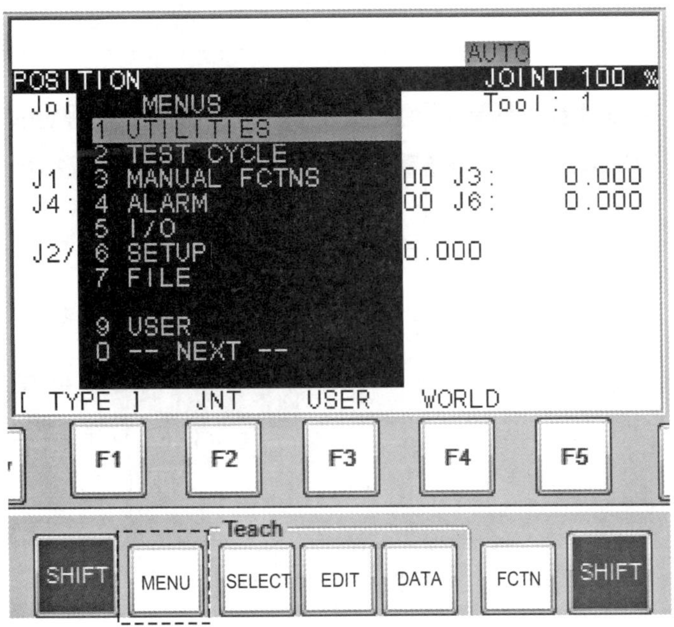

图 3-7　主菜单

（3）选择 7 FILE 菜单项，显示图 3-8 所示文档页面。

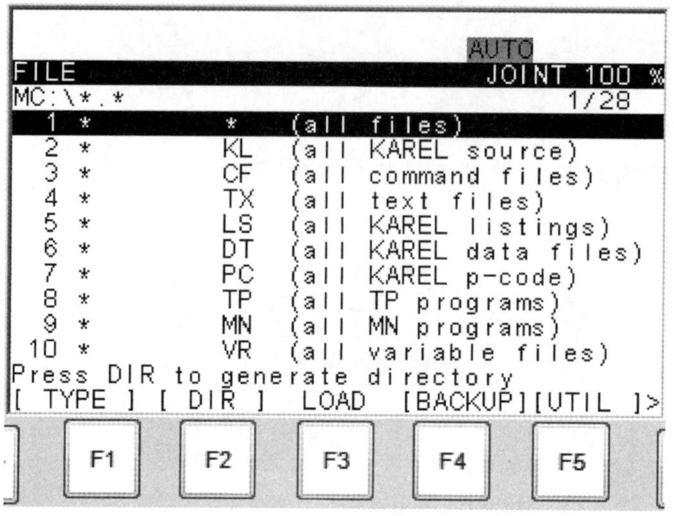

图 3-8 文档页面

（4）点击 F5 UTIL，弹出如图 3-9 所示的工具菜单。

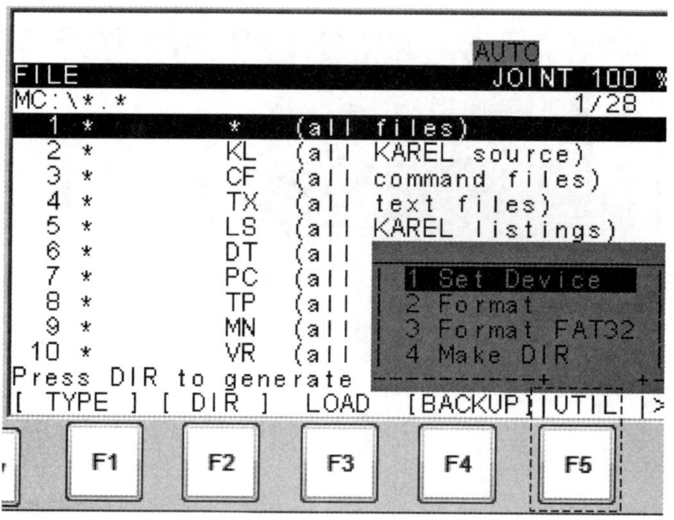

图 3-9 工具菜单

（5）选择 1 Set Device 菜单项，设置存储设备，如图 3-10 所示。

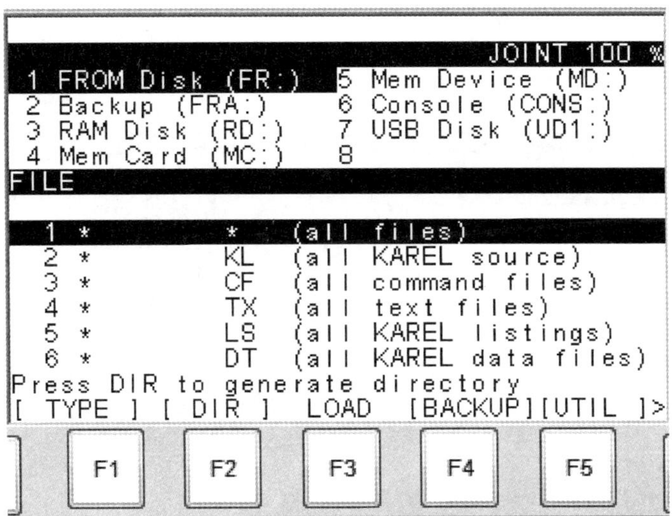

图 3-10　存储设备设置页面

（6）选择 7 USB Disk 菜单项，以设置示教器上的 USB 为文件备份设备，并按 ENTER 键确认。

（7）在图 3-9 中选择 4 Make DIR 菜单项，创建新的文件夹，如图 3-11 所示。

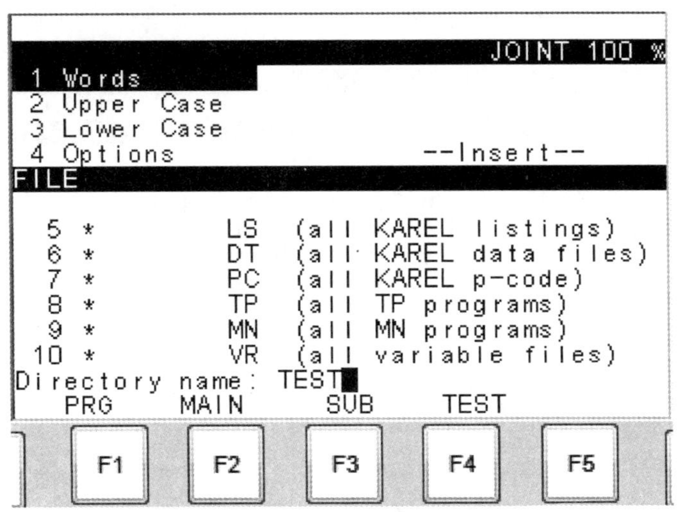

图 3-11　创建新的文件夹

（8）在图 3-11 所示页面中输入所需创建的文件夹名称（或选择已有的文件夹），并按 ENTER 键确认。

（9）点击 F4 BACKUP，弹出备份文件类型菜单，如图 3-12 所示。

AUTO
FILE JOINT 100 %
UD1:\TEST*.TP 8
1 * * (a | 1 System files
2 * KL (a | 2 TP programs
3 * CF (a | 3 Application
4 * TX (a | 4 Applic.-TP
5 * LS (a | 5 Error log
6 * DT (a | 6 Diagnostic s)
7 * PC (a | 7 Vision data
8 * TP (a | 8 All of above
9 * MN (a | 9 Maintenance
10 * VR (a | 0 -- next page
[TYPE] [DIR] LOAD BACKUP [UTIL]>
F1 F2 F3 F4 F5

图 3-12 备份文件类型菜单

（10）选择 2 TP programs 菜单项，以备份 TP 程序。

（11）点击 F3 ALL，选择所有 TP 程序；或点击 F4 YES，确认备份当前文件；或点击 F5 NO，跳过当前文件，如图 3-13 所示。

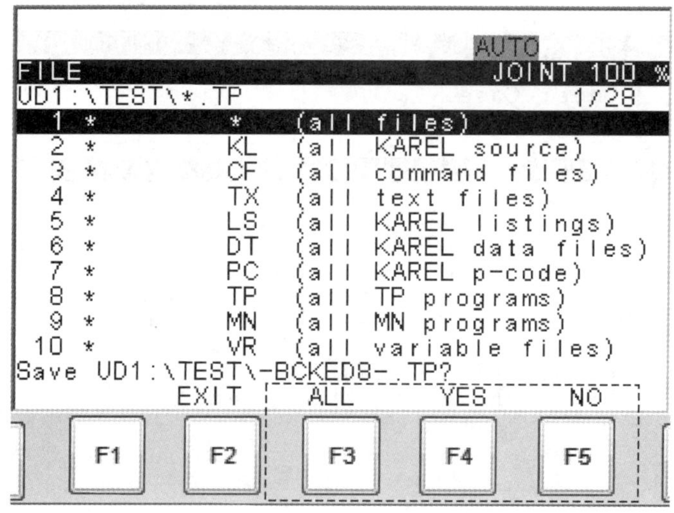

图 3-13 文件备份选项

步骤 2 加载

（1）机器人关机。

（2）将U盘插入示教器右端的USB接口。

（3）同时点击PREV和NEXT键，不松开。

（4）机器人开机，直到出现CONFIGURATION MENU菜单，松开手指，系统会停止在图3-14所示的页面。

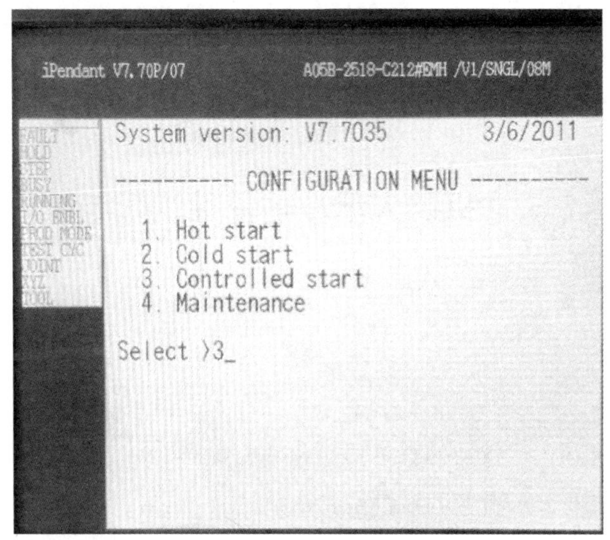

图3-14 CONFIGURATION MENU页面

（5）输入3，选择Controlled start，点击ENTER进入Controlled start模式。

（6）点击MENU键，显示主菜单，选择7 FILE菜单项，显示文档页面。

（7）在图3-10所示页面设置存储设备并进入备份文件夹。

（8）选择要加载的程序文件，点击加载并确认。如需批量加载，直接点击恢复，选择所需恢复的文件类型（这里选择TP文件类型）并确认。

（9）此时尚处于Controlled start模式，不能操作机器人。点击FCTN键弹出功能菜单，选择Cold start并确认，等待机器人重新启动后即可操作机器人。

第 4 章　工业机器人示教操作

学习单元 1　工业机器人示教器基础认知与操作

学习目标

- ◆ 掌握工业机器人示教器的基本功能和构成要素
- ◆ 熟悉工业机器人示教器的按键及其功能
- ◆ 能够正确进行工业机器人示教器的手持操作
- ◆ 能够熟练进行工业机器人示教器的按键操作

知识要求

一、工业机器人示教器的基本概念与功能

1. 工业机器人示教器的基本概念

有别于其他自动化设备，由于历史原因和使用特点等因素，工业机器人主要采用示教再现的工作方式，即需先通过“教”的方式将机器人的轨迹和各种操作存入其控制系统的存储器中，然后机器人再在运行过程中将这些轨迹复现出来。示教包括手把手示教（见图 4–1）和用示教器示教两种方式，其中，用示教器示教是工业机器人最早也是最常用的示教操作方式。

示教器（见图 4–2）是工业机器人主要的人机交互装置，主要由壳体、显示屏、

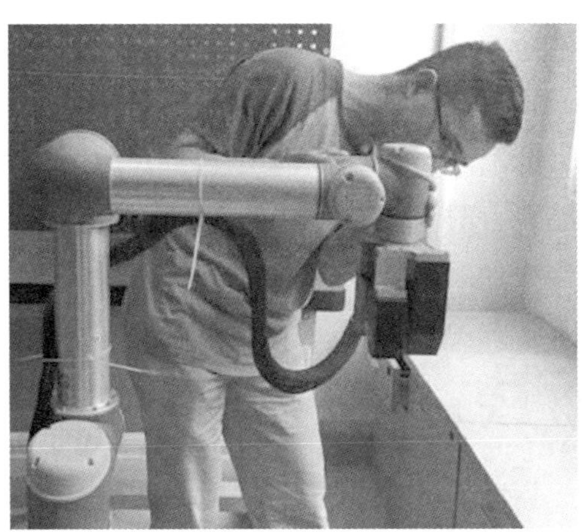

图 4-1　手把手示教

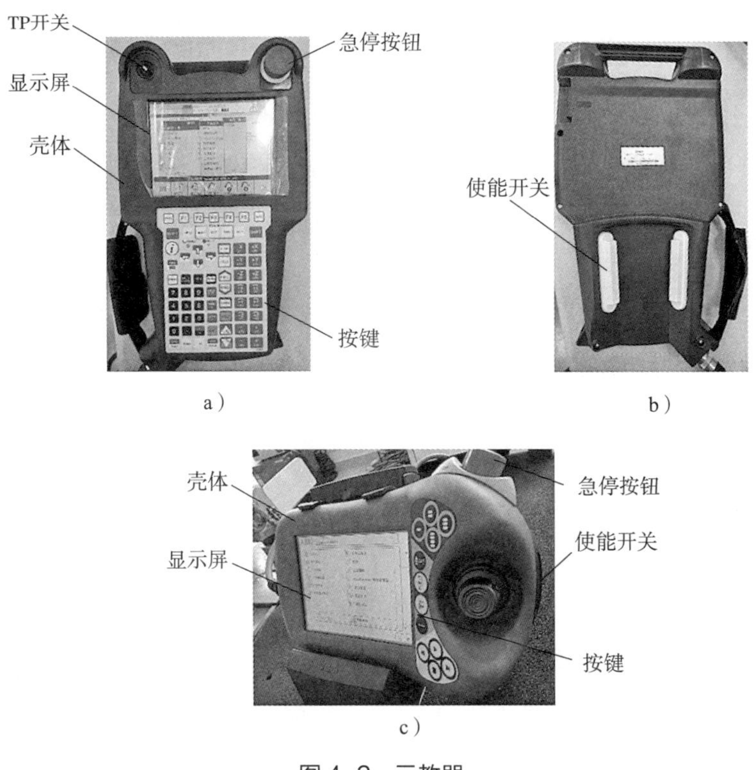

图 4-2　示教器

a）无触摸屏示教器正面　b）无触摸屏示教器背面　c）带触摸屏示教器

按键、急停按钮、使能开关等组成。操作人员通过示教器可以完成机器人参数配置、手动操作机器人、机器人示教编程、查看机器人信息等操作。由于工业机器人应用环境多种多样，有时需要操作人员近距离精细观察并操作，有时又由于有危险性或障碍物等需要操作人员远距离操作，因此工业机器人示教器不同于数控机床的操作面板，它是一种手持器件，在一定范围内可随操作人员一起移动，并通过一条长电缆与机器人控制柜相连，以实现机器人操作控制。

2. 工业机器人示教器的功能

工业机器人示教器的主要功能如下。

（1）**手动操作机器人。**在进行设备调试、零点标定等操作时，若需要移动机器人，可在机器人手动操作模式下通过操作示教器上的按键、触摸屏等来完成。

（2）**机器人示教编程。**操作人员在观察机器人运动的同时，可通过示教器控制机器人移动至某一目标位置，并以该位置生成一条运动指令。多个目标位置构成机器人运动路径上一系列的点，而对应的运动指令的集合构成了机器人运动程序。

（3）**试运行程序。**完成机器人示教编程后，需通过示教器单步运行或连续运行运动程序，以验证机器人是否会沿期望路径运动或是否会与其他物体产生干涉或碰撞。

（4）**机器人参数配置。**机器人参考坐标系的设置、手动操作和远程操作的切换、I/O 配置等均需通过示教器来完成。

（5）**查看机器人信息。**机器人示教器可以用来查看机器人当前坐标位置、I/O 状态、运行程序、参考坐标系、报警信息等。

（6）**机器人零点标定。**由于设备拆卸、编码器电池失电等原因导致机器人零点位置丢失时，机器人不能运动，此时需通过示教器重新设置和校准其零点位置。

二、工业机器人示教器的构成

如前所述，工业机器人示教器主要由显示屏、按键、使能开关、急停按钮等组成。

1. 工业机器人示教器显示屏

无触摸功能的显示屏如图 4-3a 所示，其主要用以显示机器人的运行状态、报警信息、参考坐标系、机器人程序、功能菜单等，是机器人人机交互系统的主要输出部件。带触摸功能的显示屏如图 4-3b 所示，其同时具有显示和操作的功能，通过对触摸显示屏的点击操作，可以完成绝大部分的机器人参数配置、示教、编程等操作。

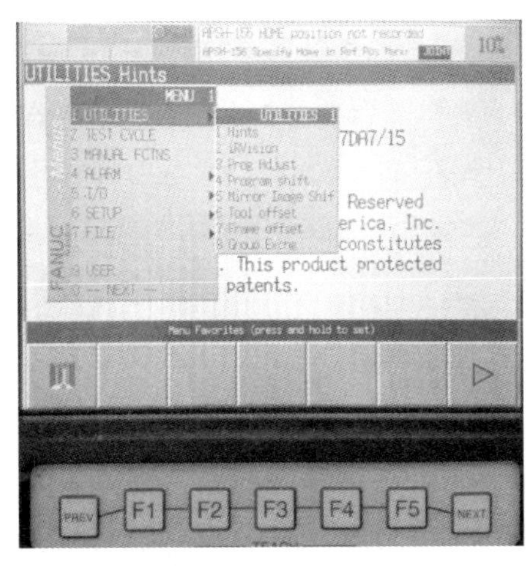

a）

b）

图 4-3　示教器显示屏

a）无触摸功能的显示屏　b）带触摸功能的显示屏

2. 工业机器人示教器按键

对于无触摸功能显示屏的示教器来说，其操作都是通过键盘上的按键完成的，其按键通常包括示教键、运动键、数字键、用户键等，它是机器人人机交互系统的输入器件，在显示屏的配合下，可以完成参数配置、点动、示教、编程、运行、更改参考坐标系等操作。而对于带触摸功能显示屏的示教器来说，参数配置和编程等主要通过操作触摸屏来完成，其按键主要用于运动形式设定等快捷操作。

3. 工业机器人示教器使能开关

工业机器人示教器使能开关是为保证操作人员的人身安全而设置的一种安全保护装置。在机器人手动操作模式下，只有在使能开关持续按下的情况下，才能通过示教器进行示教、点动等操作。使能开关通常为两挡模式，正常进行示教器操作时需按下第一挡，而当突发紧急情况时，操作人员由于紧张松开使能开关或按下第二挡都可使机器人马上停止运动，从而保证人员和设备安全。

4. 工业机器人示教器急停按钮

示教器急停按钮是多种机器人急停设置之一，它属于机器人安全保护装置。当出现可能会危及人身安全或设备安全的紧急情况时，按下该急停按钮，机器人会立即停止运动。在排除危险后，若需恢复机器人运动，可顺时针旋转并释放急停按钮。与机器人的其他急停按钮不同，示教器急停按钮一般位于示教器右上角，随示教器一起移动，因此主要用于示教或点动操作时的紧急停止。

三、工业机器人示教器的正确手持方式

正确手持示教器是安全操作机器人的前提。若不能正确手持示教器，机器人将不可操作或不能快捷应对可能出现的紧急情况。在操作示教器时，需单手持示教器，另一只手操作按键或屏幕。正确的示教器手持方式如图 4–4 所示：单手穿过手带握持示教器，除拇指外的其他手指按压使能开关。图 4–4 所示的两种示教器均支持左、右手握持。图 4–4a 中的示教器可直接左、右手互换握持，而图 4–4b 中的示教器则需通过设置使屏幕显示上、下翻转。

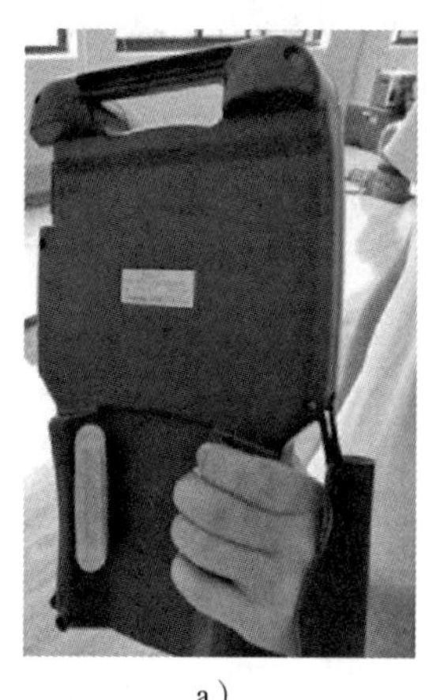

a）

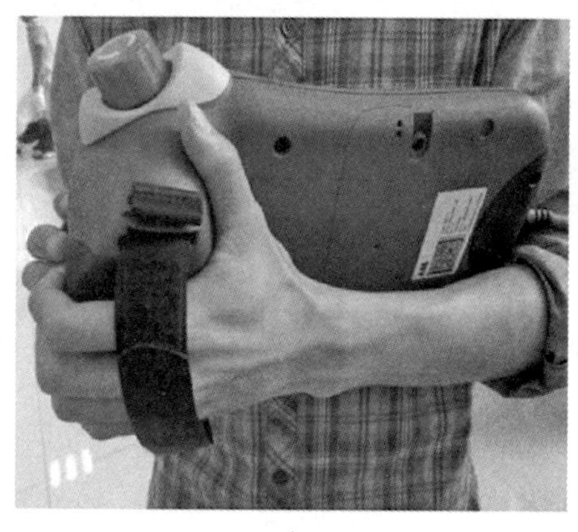

b）

图 4–4　正确的示教器手持方式

a）无触摸屏示教器手持方式　b）带触摸屏示教器手持方式

在用示教器对机器人进行示教时，操作人员和示教器应与机器人保持一定的距离，应在安全围栏以外进行操作。

由于机器人示教器是一个精密的电子设备，因此不能摔打、抛掷或重击，也不能用锋利的物体对其进行操作。如不使用，应将示教器放置于专门的支架上。

四、工业机器人示教器的按键及其功能

工业机器人示教器按键是人机交互系统的主要输入器件。对于非触摸屏式示教器，操作人员对机器人的操作主要通过示教器按键来完成。图 4–5 所示键盘主要包括配合显示屏用以显示、选择和输入的按键和运动键，以及其他一些功能性按键，其功能见表 4–1。

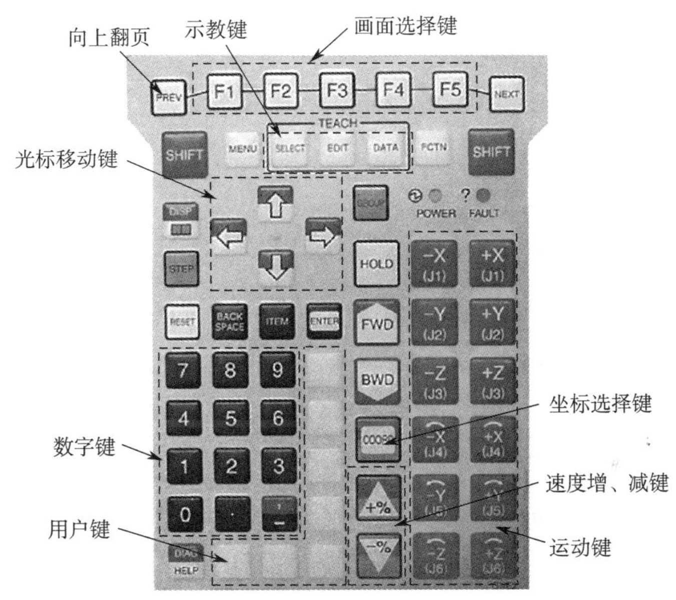

图 4–5　示教器键盘

表 4–1　示教器按键及其功能

按键		功能
PREV		向上翻页
F1 ~ F5		用于选择示教器屏幕上显示的内容，每个按键在当前屏幕上有唯一的对应内容
NEXT		下一页切换
SHIFT		与其他按键一起执行特定功能，左右两个键功能相同
MENU		显示主菜单
示教键	SELECT	显示程序选择画面
	EDIT	显示程序编辑画面
	DATA	显示程序数据画面

续表

按键	功能
FCTN	显示功能菜单
STEP	在单步执行和连续执行之间切换
光标移动键	移动屏幕光标
GROUP	运动组切换
HOLD	暂停机器人运动
RESET	消除报警
BACK SPACE	清除光标之前的字符或数字
ITEM	快速移动光标至指定行
ENTER	确认
数字键	输入数字符号或选择对应序号的选项
DIAG/HELP	单独使用显示帮助界面，与 SHIFT 组合使用显示诊断界面
用户键	用户可自定义按键功能
FWD	与 SHIFT 组合使用可从前往后执行程序
BWD	与 SHIFT 组合使用可反向单步执行程序
COORD	单独使用可选择点动坐标系；与 SHIFT 组合使用可改变当前坐标系
速度增、减键	控制示教速度的增、减量
运动键	同时按下 SHIFT 和某一运动键，可点动机器人进行示教

注：示教器键盘上还有两个指示灯，即 POWER 电源指示灯和 FAULT 报警指示灯。

五、工业机器人示教器的菜单

1. 工业机器人示教器菜单的分类

工业机器人示教器菜单主要包括主菜单、功能菜单、屏幕菜单等。

2. 工业机器人示教器菜单的功能

（1）主菜单的功能。点击示教器 MENU 键或触摸显示屏开始按钮，显示屏上显示主菜单，如图 4-3a 所示。主菜单具有参数设置、I/O 设置与查看、报警信息查看、文件备份与恢复、程序选择、创建与编辑、零点标定等功能，具体见表 4-2。

表 4–2 主菜单功能

项目	功能描述
UTILITIES	显示提示
TEST CYCLE	为测试操作指定数据
MANUAL FCTNS	执行宏指令
ALARM	显示报警历史和详细信息
I/O	查看和手动设置输出，仿真输入 / 输出，分配信号
SETUP	系统设置
FILE	读取或存储文件
SOFT PANEL	执行经常使用的功能
USER	显示用户信息
SELECT	列出和创建程序
EDIT	编辑和执行程序
DATA	查看数值寄存器、位置寄存器和字符串寄存器等的值
STATUS	显示系统状态
POSITION	显示机器人当前位置
SYSTEM	设置系统变量，进行零点标定

（2）**功能菜单的功能。**点击示教器功能菜单键可显示功能菜单，如图 4–6 所示。功能菜单具有终止程序、保存或打印屏幕数据等功能，具体见表 4–3。

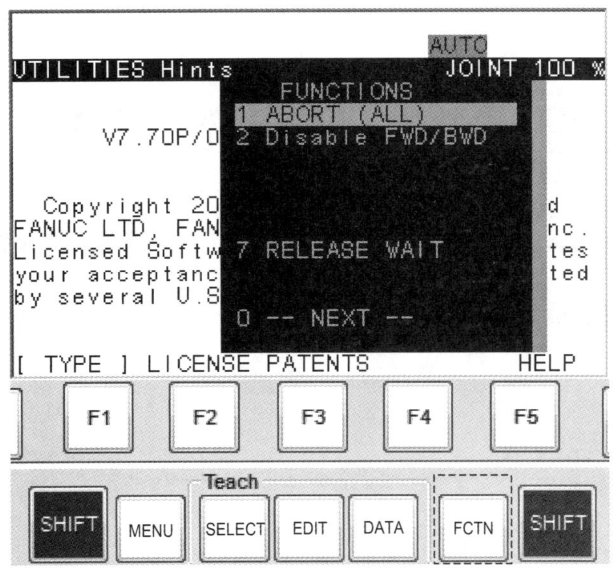

图 4–6 功能菜单

表 4-3　功能菜单功能

项目	功能描述
ABORT	强制中断正在执行或暂停的程序
Disable FWD/BWD	使用示教器执行程序时，选择 FWD/BWD 是否有效
CHANGE GROUP	改变组（只有多组被设置时才会显示）
TOG SUB GROUP	在机器人标准轴和附加轴之间选择示教对象
RELEASE WAIT	跳过正在执行的等待语句
QUICK/FULL MENUS	在快速菜单和完整菜单之间选择
SAVE	保存当前屏幕中的相关数据到指定存储器中
PRINT SCREEN	原样打印当前屏幕的显示内容
PRINT	打印程序、系统变量
UNSIM ALL I/O	取消所有 I/O 信号的仿真设置
CYCLE POWER	重新启动系统
ENABLE HMI MENUS	选择当按住 MENU 键时是否显示菜单

（3）**屏幕菜单的功能。**屏幕菜单通常是进入一个具体的功能页面后示教器所提供的与该页面相关的用以选择、设置的菜单及子菜单项。例如，在图 4-7 所示机器人示教编程画面中按下 F1 INST，屏幕出现的机器人指令菜单即为一个典型的屏幕菜单。

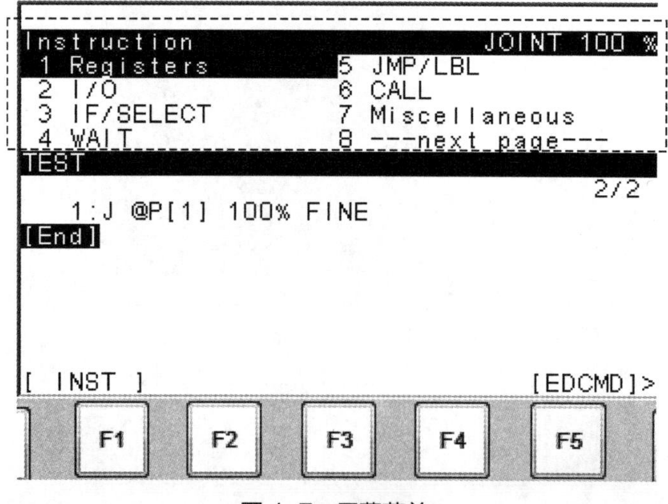

图 4-7　屏幕菜单

操作要求

1. 观察机器人示教器上的构成要素。
2. 正确操作机器人示教器。

操作准备

序号	名称	规格型号	数量
1	机器人	FANUC M-10iA	1 个
2	控制柜	R-30iB Mate	1 个
3	示教器	iPendant	1 个

操作步骤

步骤 1　观察示教器正面和背面的各构成要素。

步骤 2　顺时针转动机器人控制柜电源开关至“ON”位置。

步骤 3　旋转控制柜上的运行模式钥匙开关至“T1”位置。

步骤 4　单手握持示教器并观察显示屏的启动过程。

步骤 5　观察示教器显示屏上方的报警信息“SRVO-003 Deadman switch released”。

步骤 6　按下 DEADMAN 开关（使能开关）至第一挡位置，点击 RESET 键。

步骤 7　按下 DEADMAN 开关至第二挡位置，观察显示屏报警信息“SRVO-003 Deadman switch released”。

步骤 8　按步骤 7 清除该报警。

步骤 9　松开 DEADMAN 开关，观察显示屏报警信息“SRVO-003 Deadman

switch released”。

步骤 10 按步骤 7 清除该报警。

步骤 11 按下示教器右上角的急停按钮，机器人停止，观察显示屏报警信息“SRVO-002 Teach pendant E-stop”。

步骤 12 顺时针旋转以释放急停按钮。

步骤 13 按步骤 7 清除该报警。

步骤 14 将示教器放置于指定位置，逆时针转动机器人控制柜电源开关至“OFF”位置。

FANUC M-10iA 机器人示教器功能键操作

操作要求

1. 熟悉机器人示教器上的构成要素。
2. 正确操作机器人示教器。
3. 操作机器人示教器功能键*。

操作准备

序号	名称	规格型号	数量
1	机器人	FANUC M-10iA	1 个
2	控制柜	R-30iB Mate	1 个
3	示教器	iPendant	1 个

操作步骤

步骤 1 确认机器人处于安全状态，控制柜通电。

步骤 2 单手握持示教器并按下 DEADMAN 开关。

步骤 3 按下 RESET 键，用以消除机器人显示屏上的报警信息，此时控制

* 功能键泛指非数字、非运动型按键。

柜报警指示灯灭，接触器吸合，机器人做好准备。

步骤 4　按 COORD 键，观察显示屏右上角，依次在 JOINT → JGFRM → WORLD → TOOL → USER 坐标系间切换，选择点动坐标系。

步骤 5　设置点动速度，具体设置方法见表 4-4。

表 4-4　　点动速度设置方法

速度增加键（+%）	速度减小键（-%）
VFINE → FINE → 1% → 5% → 50% → 100% VFINE 到 5% 之间，每按一下增加 1% 5% 到 100% 之间，每按一下增加 5%	100% → 50% → 5% → 1% → FINE → VFINE 5% 到 VFINE 之间，每按一下减少 1% 100% 到 5% 之间，每按一下减少 5%
同时按下 SHIFT 键，可增加点动速度增减的幅度	

步骤 6　按 SELECT 键，进入机器人程序选择、创建界面。选择 TEST1 程序后，按 ENTER 键，进入程序编辑界面，或者按 EDIT 键，直接进入程序编辑界面。

步骤 7　按 DATA 键，进入数据查看界面。

步骤 8　顺序执行机器人程序。连续顺序执行机器人程序时，在 TEST1 程序编辑界面中，按上下光标移动键至某一程序行，保持 SHIFT 键按下的同时，按 FWD 键，机器人将顺序执行程序，按 HOLD 键，机器人运动暂停。单步顺序执行机器人程序时，按 STEP 键，显示屏顶部 STEP 指示灯亮，每按一下 FWD 键执行一条机器人指令。

步骤 9　逆序执行机器人程序。保持 SHIFT 键按下的同时，每按一下 BWD 键执行一条机器人指令。

步骤 10　切换显示窗口。按 DISP 键以切换显示窗口；按下 SHIFT 和 DISP 键显示 DISPLAY 界面，用以设置显示窗口数量。

FANUC M-10iA 机器人示教器运动键操作

操作要求

1. 熟悉机器人示教器上的构成要素。
2. 正确操作机器人示教器。
3. 操作机器人示教器运动键。

操作准备

序号	名称	规格型号	数量
1	机器人	FANUC M-10iA	1个
2	控制柜	R-30iB Mate	1个
3	示教器	iPendant	1个

操作步骤

步骤1 确认机器人处于安全状态，控制柜通电。

步骤2 单手握持示教器并按下DEADMAN开关。

步骤3 按下RESET键，用以消除机器人显示屏上的报警信息，此时控制柜报警指示灯灭，接触器吸合，机器人做好准备。

步骤4 按COORD键，选择JOINT坐标系。

步骤5 按+%、-%键，将机器人点动速度设置为30%。

步骤6 保持SHIFT键按下的同时，按-X（J1）或+X（J1）键，观察机器人J1轴的运动。

步骤7 保持SHIFT键按下的同时，按-Y（J2）或+Y（J2）键，观察机器人J2轴的运动。

步骤8 保持SHIFT键按下的同时，按-Z（J3）或+Z（J3）键，观察机器人J3轴的运动。

步骤9 保持SHIFT键按下的同时，按-X（J4）或+X（J4）键，观察机器人J4轴的运动。

步骤10 保持SHIFT键按下的同时，按-Y（J5）或+Y（J5）键，观察机器人J5轴的运动。

步骤11 保持SHIFT键按下的同时，按-Z（J6）或+Z（J6）键，观察机器人J6轴的运动。

步骤12 按COORD键，选择WORLD坐标系。

步骤13 按+%、-%键，将机器人点动速度设置为30%。

步骤14 保持SHIFT键按下的同时，按-X（J1）或+X（J1）键，观察机器人末端执行器的运动。

步骤 15　保持 SHIFT 键按下的同时，按 -Y（J2）或 +Y（J2）键，观察机器人末端执行器的运动。

步骤 16　保持 SHIFT 键按下的同时，按 -Z（J3）或 +Z（J3）键，观察机器人末端执行器的运动。

步骤 17　保持 SHIFT 键按下的同时，按 -X（J4）或 +X（J4）键，观察机器人末端执行器的运动。

步骤 18　保持 SHIFT 键按下的同时，按 -Y（J5）或 +Y（J5）键，观察机器人末端执行器的运动。

步骤 19　保持 SHIFT 键按下的同时，按 -Z（J6）或 +Z（J6）键，观察机器人末端执行器的运动。

FANUC M-10iA 示教器菜单操作

操作要求

1. 掌握示教器菜单的显示方法。
2. 熟悉示教器菜单的主要功能。
3. 掌握示教器菜单的选取方法。

操作准备

序号	名称	规格型号	数量
1	机器人	FANUC M-10iA	1 个
2	控制柜	R-30iB Mate	1 个
3	示教器	iPendant	1 个

操作步骤

步骤 1　检查和握持

确认机器人处于安全状态，控制柜通电，单手握持示教器。

步骤 2　操作示教器主菜单

（1）待机器人完全启动后，按 MENU 键，显示屏显示主菜单。

（2）按示教器上的数字键或点击光标移动键至目标菜单项，并按 ENTER 键选定该菜单项以进入对应页面。

（3）按数字键“0”，在菜单的多个页面间进行切换。

步骤 3　操作示教器功能菜单

（1）按 FCTN 键，显示功能菜单。

（2）按示教器上的数字键或点击光标移动键至目标菜单项，并按 ENTER 键选定该菜单项以进入对应页面。

（3）按数字键“0”，在菜单的多个页面间进行切换。

步骤 4　操作示教器屏幕菜单

（1）按 MENU 键调出主菜单。

（2）按数字键“0”切换至下一菜单页面。

（3）按上、下光标移动键至 6 SYSTEM 菜单项，按 ENTER 键进入系统设置界面。

（4）按 F1 键（TYPE），屏幕弹出屏幕菜单，如图 4-8 所示。

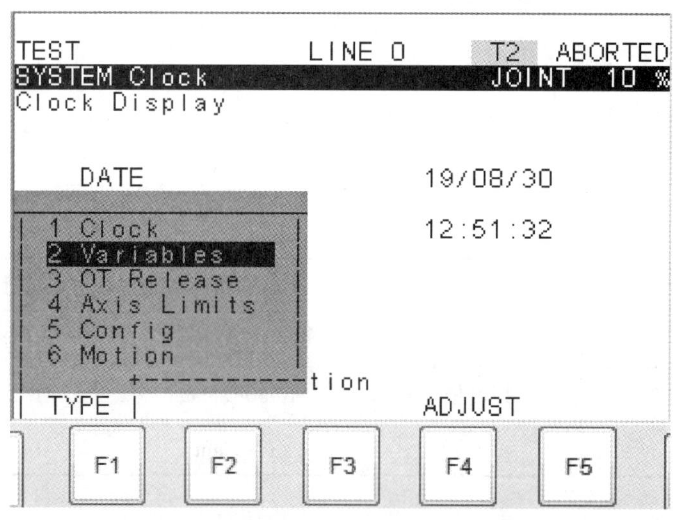

图 4-8　屏幕菜单

（5）按数字键“2”，进入系统参数设置页面，如图 4-9 所示。

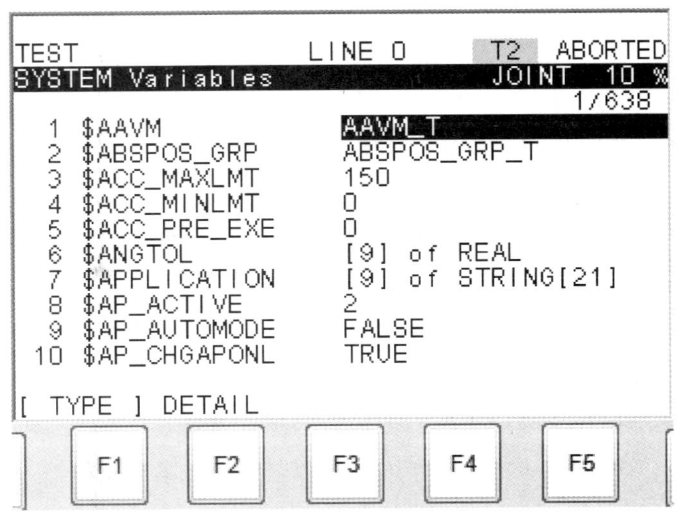

图 4-9　系统参数设置页面

（6）按上、下光标移动键以选择系统参数。按下 SHIFT 键的同时按上、下光标移动键可实现翻页，以便快速定位至所需位置。

学习单元 2　工业机器人手动示教操作

学习目标

- ◆ 能够正确创建和调用工业机器人程序
- ◆ 掌握工业机器人运行模式的概念和应用
- ◆ 掌握工业机器人坐标系的类型、区别及应用
- ◆ 能够熟练掌握手动示教速度等功能参数的设置

知识要求

一、工业机器人程序的创建与调用

1. 工业机器人编程

工业机器人程序由一系列具有一定逻辑关系的指令组成，按顺序执行这些指令可完成特定的机器人功能。工业机器人程序通常具有顺序、条件、循环、调用等结构。

工业机器人编程的最大特点是示教编程，即操作人员用示教器手动操作机器人，并记录机器人的运动位姿点以生成运动指令。这种编程方式需要对机器人进行实际操作，属于在线编程方式。由于操作人员示教时是用眼睛观察机器人的位姿点，因此其精度通常不高。

工业机器人编程也可在仿真软件如 FANUC 的 Roboguide、ABB 的 RobotStudio 等上进行。操作人员在仿真软件上建立包括机器人、工作台、工件等在内的完整的操作环境，在编程过程中，机器人的位姿点可在软件中通过建模关系确定，因此编程精度较高。这种编程方式无须对机器人进行实际操作，属于离线编程方式。

工业机器人的程序操作通常包括创建、调用等。

2. 工业机器人程序的创建

创建机器人程序前，需给程序设置一个有意义的程序名。

程序命名遵循以下规则：

（1）以“英文字母 + 数字”的方式进行命名；

（2）不超过一定设置长度；

（3）不能以数字开头；

（4）不能以具有机器人特定含义的字符命名。

完成机器人程序命名后，即可点击确认键，若程序名未被占用，则由此创建了一个空白的机器人程序并进入程序编辑页面，添加各类机器人指令，可完成机器人程序的创建。

3. 工业机器人程序的调用

机器人程序可独立运行，也可被其他程序调用。为方便使用，通常把一些重复使用的功能设置成独立的程序，如机器人手部抓取工件或放下工件等功能。

如果需要调用其他机器人程序，则需要在调用位置处插入程序调用指令（CALL 指令），并在程序选择窗口中选择被调用的程序。

4. 工业机器人程序的类型

根据调用者的不同，机器人程序可分为一般调用程序和外围设备远程调用程序。一般调用程序可直接运行或被其他程序调用，而外围设备远程调用程序是机器人自动运行的基础，外围设备如 PLC 等通过一定的调用时序来使机器人程序运行。

根据调用方式的不同，外围设备远程调用程序可进一步分为 RSR（机器人服务请求）程序和 PNS（程序号选择）程序。当前一程序处于执行或中断状态时，被选择的 RSR 程序保持等待状态，直至前一程序停止运行。当前一程序处于执行或中断状态时，PNS 程序选择信号无效；如果当前无程序运行，PNS 程序选择信号有效，从第一行开始执行被选中的程序。

5. 工业机器人的操作语言

在默认情况下，机器人示教器为英文环境，如需修改为中文环境，需在设置页面中将语言修改为中文。但即使在中文环境下，程序名也不能使用中文，且程序和信号备注也应尽量采用英文。

二、工业机器人的运行模式

工业机器人的运行模式包括低速手动运行模式（T1）、全速手动运行模式（T2）和自动运行模式（AUTO）三种，可通过机器人控制柜操作面板上的运行模式钥匙开关进行切换。

1. 低速手动运行模式（T1）

在手动模式下操作机器人时，许多安全保护机制被禁止，且操作人员往往需要近距离操作机器人，因此具有较高的危险性。低速手动运行模式对机器人最高运行速度进行限制（机器人最高运行速度不超过 250 mm/s），从而降低手动操作带来的危险。低速手动运行模式下，即使安全围栏打开也可用示教器操作机器人，但如果 TP

开关置为“OFF”，则机器人紧急停止。

将运行模式钥匙开关置于中位可将机器人设置为低速手动运行模式，如图 4-10 所示。

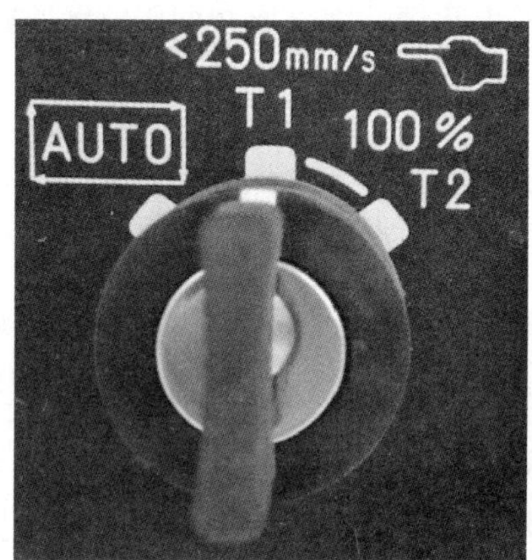

图 4-10 低速手动运行模式

2. 全速手动运行模式（T2）

为了对机器人程序进行最后验证，有时需要在手动模式下全速运行机器人，这时可将机器人切换至全速手动运行模式。

将运行模式钥匙开关置于右位可将机器人设置为全速手动运行模式，如图 4-11 所示。在全速手动运行模式下，机器人以正常速度运行，因此存在一定的危险，请在确保安全的情况下操作机器人。

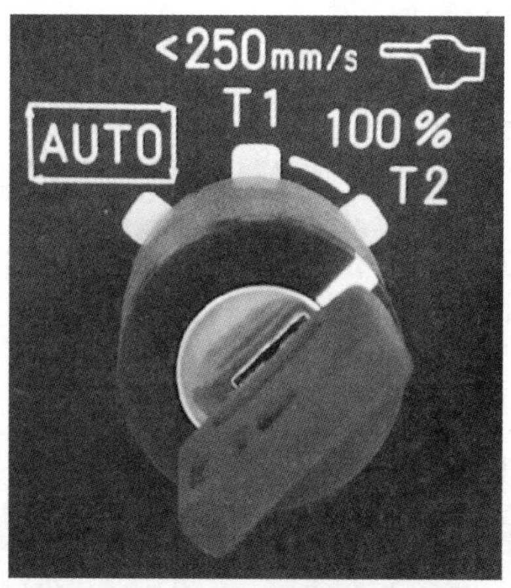

图 4-11 全速手动运行模式

无论是低速手动运行模式还是全速手动运行模式，释放示教器使能开关，机器人都将紧急停止。

3. 自动运行模式（AUTO）

当机器人投入生产运行时，应开启自动运行模式（运行模式钥匙开关处于如图 4–12 所示位置）。这时机器人无须人工干预（不能用示教器进行机器人操作），在外部设备（PLC 控制系统）控制下自动运行。在自动运行模式下，机器人开启安全保护机制，安全围栏打开时，机器人将紧急停止。

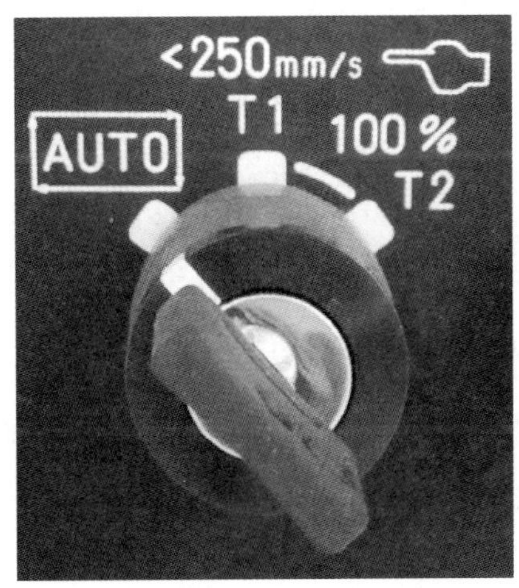

图 4–12　自动运行模式

三、工业机器人坐标系

1. 工业机器人坐标系的定义

工业机器人坐标系是为了确定机器人的位置和姿态（位姿）而在机器人本体及其工作空间中定义的位置指示系统。根据描述机器人位姿方法的不同，可将机器人坐标系分为关节坐标系和笛卡尔坐标系两大类。为操作使用方便，笛卡尔坐标系又可分为机械接口坐标系、工具坐标系、世界坐标系、用户坐标系。

（1）关节坐标系。关节坐标系定义在机器人的各个关节处，以各个关节相对于零点的转动角度来描述机器人的当前位姿，参见第 2 章学习单元 2 的相关内容。

（2）笛卡尔坐标系

1）机械接口坐标系。机械接口坐标系是定义在机器人手腕法兰中心的标准笛卡尔坐标系，可在其基础上定义机器人工具坐标系。

2）工具坐标系。工具坐标系定义了机器人手部的工具中心位置（TCP）和姿态。在机器人应用系统中必须定义工具坐标系，如果未定义，将采用机械接口坐标系作为工具坐标系。在定义工具坐标系时，其原点由相对于机械接口坐标系原点的位置（x，y，z）来定义，其姿态由相对于机械接口坐标系 X、Y、Z 坐标轴的转角（w，p，r）来定义。机械接口坐标系和工具坐标系的关系如图 4–13 所示。

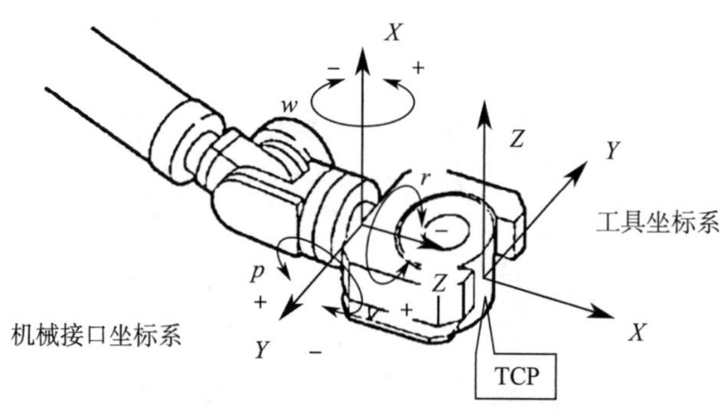

图 4–13　机械接口坐标系和工具坐标系的关系

机器人工具坐标系的设置方法通常有三点法、六点法和直接输入法三种。这里简单介绍三点法和六点法。

①三点法。三点法用来定义工具坐标系的原点（TCP）。采用三点法进行设置时，为得到精确的 TCP，应使机器人从三个尽可能不同的方向运动至同一点，生成三个示教点，并完成 TCP 自动计算。

三点法仅能确定工具坐标系的中心点，其坐标轴方向与机械接口坐标系方向一致。为设置工具坐标系的姿态，可采用六点法或直接输入法。

②六点法。六点法在三点法的基础上增加了三个示教点，以确定工具坐标系的姿态。

3）世界坐标系。世界坐标系是与机器人底座固连的标准笛卡尔坐标系，又称基础坐标系、基坐标系。由于其与机器人的位置关系固定，因此机器人运动方向明确，基于世界坐标系可建立机器人用户坐标系。

4）用户坐标系。用户坐标系是为方便机器人操作而设定的与当前应用场景相关的笛卡尔坐标系，又称工件坐标系。它通过相对世界坐标系原点的位置（x，y，z）及绕世界坐标系 X、Y、Z 轴的转角（w，p，r）来定义，如未定义，将采用世界坐标系作为用户坐标系。

机器人用户坐标系的设置方法通常有三点法、四点法和直接输入法三种。这里简单介绍三点法和四点法。

①三点法。在三点法中，需对坐标系的原点、X 轴正方向上的一点及 X–Y 平面上的一点进行示教。

②四点法。在四点法中，需对与坐标系 X 轴平行的轴线的起始点、X 轴正方向上的一点、X–Y 平面上的一点及坐标系的原点进行示教。

2. 工业机器人的当前位置坐标

工业机器人的当前位置坐标是指机器人当前所在位置的 6 个元素［(x，y，z) 和 (w，p，r)］的值，可以用关节坐标、世界坐标和用户坐标三种不同的方式来显示。

四、工业机器人的运动方式

1. 工业机器人的单轴运动

工业机器人的单轴运动是指对单个机器人关节进行手动操作的方式。

2. 工业机器人的多轴运动

工业机器人的多轴运动是指对多个机器人关节同时进行手动操作的方式。在关节坐标系下，可以同时点击多个运动键以实现机器人的多轴运动，这时机器人的运动不容易控制。在笛卡尔坐标系下，点击单个运动键可实现某个方向的移动或转动，这实际上需要多个机器人关节轴共同配合才能完成。

3. 工业机器人的附加轴运动

有时需要将机器人放置在行走的轨道上，有时需要变位器与机器人配合以完成弧焊作业。在这些应用中，比较容易的实现方案是将轨道或变位器等作为机器人的附加轴，由机器人对其进行运动控制。

机器人附加轴可分为内部轴和外部轴。

五、工业机器人零点标定

1. 工业机器人的零点位姿

机器人每个运动关节都定义了一个零点，如图 4–14 所示。当机器人所有关节都处于零点位置时，称为机器人零点位姿，如图 4–15 所示。

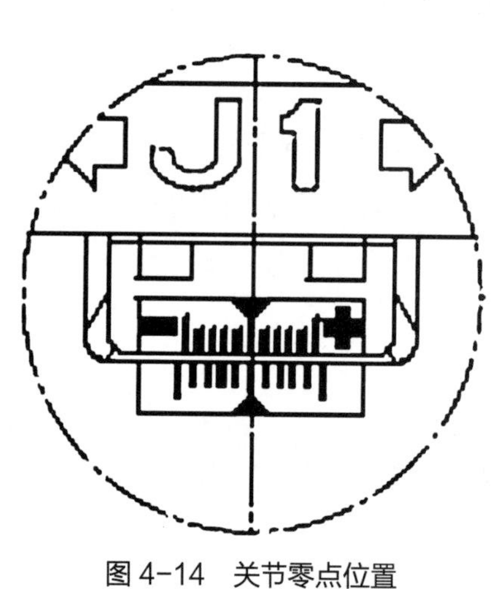

图 4–14　关节零点位置

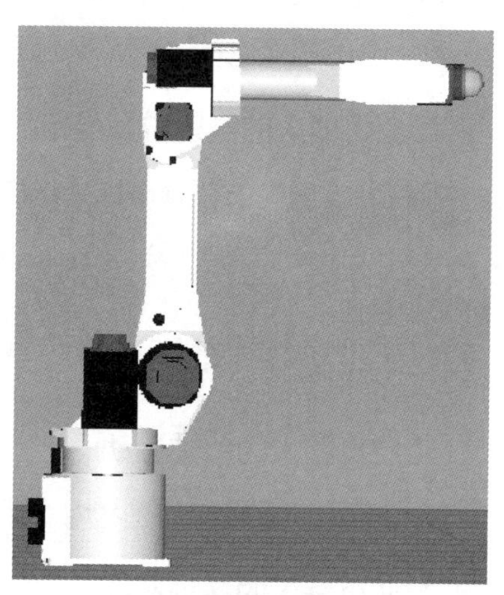

图 4–15　机器人零点位姿

2. 工业机器人零点标定的概念

机器人通过闭环系统控制各个关节的运动。控制器根据编码器反馈的电动机转动信息发出控制指令，驱动安装在关节轴上的电动机。在机器人操作过程中，控制器不断计算关节轴当前编码器读数与关节轴零点位置处的编码器数据之差来修改控制指令，使电动机在整个过程中一直保持正确的位置和速度。

机器人关节轴零点位置处的编码器数据与其他用户数据一起保存在控制器存储卡中，在断开机器人电源后，这些数据的保存由主板电池供电维持。

当控制器正常关电时，每个编码器的当前数据将保留在编码器中，由编码器的后备电池供电维持。当控制器重新上电时，控制器将请求从编码器读取数据，以识别机器人的当前位置，从而实现正确的关节闭环控制。

如果在控制器关电时断开编码器的后备电池，则上电时控制器无法读取正确的编码器数据，机器人运动不可预知，因此必须重新获取机器人在零点位姿时各关节轴的编码器数据，这称为零点标定。

虽然在机器人出厂之前通常已经进行了零点标定，但是机器人还是有可能丢失零点数据。在以下情况下，必须进行机器人零点标定操作：

（1）主板电池电压下降导致关节轴零点数据丢失；

（2）在关机状态下，机器人关节轴发生移动；

（3）在关机状态下卸下编码器后备电池盒的盖子；

（4）更换了电动机；

（5）机器人的机械部分因撞击不能指示关节轴的正确角度值；

（6）编码器后备电池电压下降导致关节轴当前编码器读数丢失；

（7）更换了编码器；

（8）进行了机械拆卸。

3. 工业机器人零点故障相关报警

（1）电池电量报警。机器人零点数据及编码器当前位置数据由各自对应的备份电池保持，如果这些电池电量不足，将会导致数据丢失。当电池电量不足时，机器人会给出相应的报警提示。

（2）零点丢失报警。当出现零点丢失情况时，示教器将提示零点丢失报警，这时需进行相关零点标定操作。

4. 工业机器人零点标定的方法

工业机器人零点标定的方法主要有专门夹具标定法、零度位置标定法、快速零点标定法、单轴零点标定法、直接输入法等。

（1）专门夹具标定法。机器人在出厂时不附加任何负载，采用专门夹具进行标定可以获得最精确的零点位置。

（2）零度位置标定法。在关节坐标系下，可通过手动操作机器人，将 6 个关节轴转至其零点位置处的方法进行标定。虽然人眼观察零点位置会带来较大的误差，但是在大部分应用场合下，零度位置标定法是一种较为常用、可靠的方法。

（3）快速零点标定法。由于电气或软件问题导致零点数据丢失时，可通过恢复零点数据来实现零点标定。如果由于机械拆卸或维修导致零点数据丢失，则不能采用该法。

（4）单轴零点标定法。由于单个关节轴的机械拆卸或维修而进行的零点标定称为单轴零点标定。

5. 工业机器人的校准

完成工业机器人零点标定之后，需进行校准操作。检查工业机器人校准参数，如有必要，应对校准参数进行修正。

技能要求

FANUC M-10iA 机器人程序操作

操作要求

1. 巩固机器人示教器的操作。
2. 掌握机器人程序的命名方式。
3. 掌握机器人程序的创建方法。
4. 掌握机器人程序的调用方法。

操作准备

序号	名称	规格型号	数量
1	机器人	FANUC M-10iA	1个
2	控制柜	R-30iB Mate	1个
3	示教器	iPendant	1个

操作步骤

步骤 1　创建机器人程序

（1）确认机器人处于安全状态，控制柜通电。

（2）单手握持示教器，等待机器人完全启动。

（3）点击 SELECT 键，进入程序列表，如图 4-16 所示。

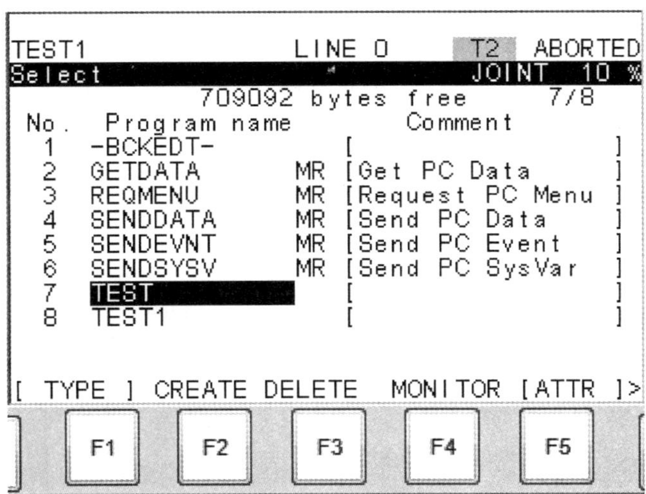

图 4-16　程序列表

（4）点击 F2 CREATE，弹出程序命名屏幕菜单，如图 4-17 所示。

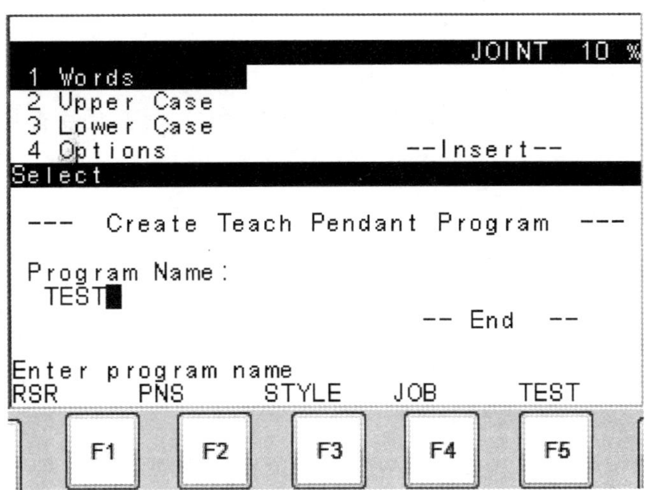

图 4-17　程序命名屏幕菜单

（5）移动光标，选择程序命名方式，并将程序命名为 TEST。

（6）按 ENTER 键进入程序编辑页面，此时无任何指令，如图 4-18 所示。

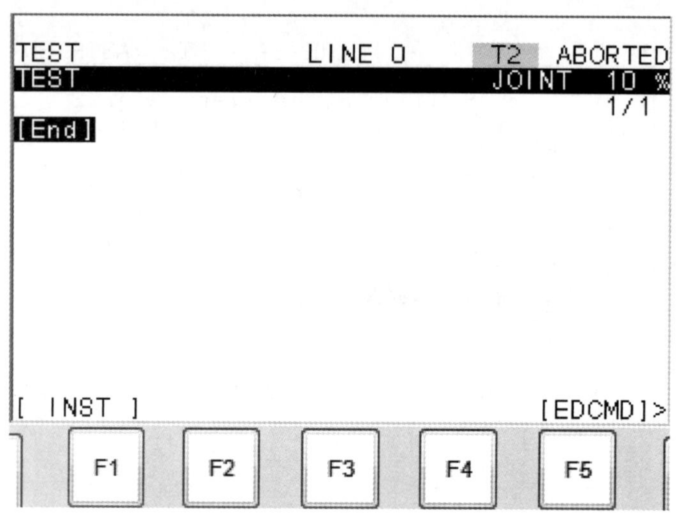

图 4-18 空程序编辑页面

步骤 2 选择机器人程序

（1）点击 SELECT 键，进入程序选择页面。

（2）移动光标至所需选择程序。

（3）点击 ENTER 键，进入该程序编辑页面；也可直接点击 EDIT 键进入当前程序编辑页面。

步骤 3 调用机器人程序

（1）进入 TEST 程序编辑页面。

（2）点击 NEXT 键，翻至下一个功能页面。

（3）点击 F1 INST，弹出指令列表菜单，如图 4-7 所示，移动光标选择 CALL 指令，点击 ENTER 键确认。

（4）在弹出的如图 4-19 所示的程序列表中选择所需调用的程序，点击 ENTER 键以完成程序调用指令的输入。

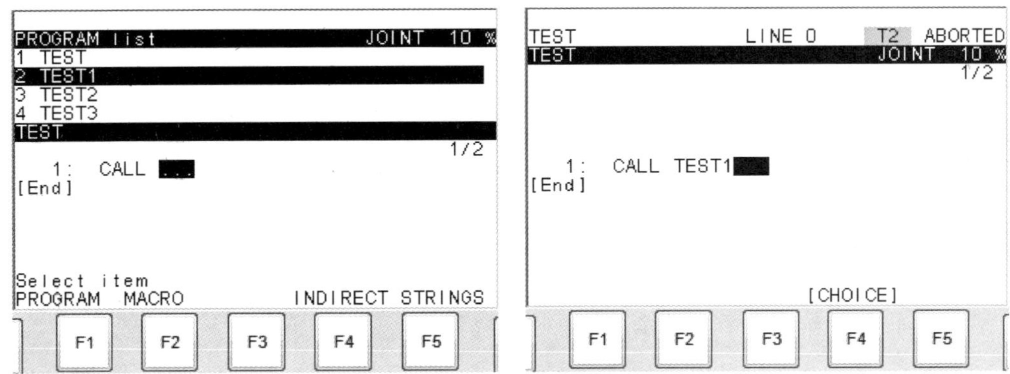

图 4-19　选择程序调用指令

FANUC M-10iA 机器人示教速度的设置

操作要求

1. 掌握修改机器人当前示教速度的方法。
2. 观察机器人手动示教的运行速度。
3. 巩固机器人示教器的操作。

操作准备

序号	名称	规格型号	数量
1	机器人	FANUC M-10iA	1 个
2	控制柜	R-30iB Mate	1 个
3	示教器	iPendant	1 个

操作步骤

步骤 1　确认机器人处于安全状态，控制柜通电。

步骤 2　单手握持示教器，等示教器启动后，将 TP 开关置为“ON”。

步骤 3　保持示教器背部的 DEADMAN 开关按下，点击示教器 RESET 键，以清除机器人报警。

步骤 4 保持示教器 SHIFT 键按下的同时，按下机器人运动键中的任何一个，观察机器人的运行速度。

步骤 5 点击示教器 +%、-% 按键以修改机器人示教速度。

步骤 6 重复步骤 4，观察机器人运行速度是否改变。

注意事项

1. 刚开始手动示教机器人时，请以较低的速度进行操作。

2. 保持示教器 SHIFT 键按下的同时，点击示教器 +%、-% 按键，会增大速度改变间隔值。

FANUC M-10iA 机器人运行模式的设置

操作要求

1. 掌握机器人运行模式的设置方法。

2. 巩固对机器人控制柜操作面板的认知。

操作准备

序号	名称	规格型号	数量
1	机器人	FANUC M-10iA	1 个
2	控制柜	R-30iB Mate	1 个
3	示教器	iPendant	1 个

操作步骤

步骤 1 确认机器人处于安全状态，控制柜通电。

步骤 2 将控制柜操作面板上的运行模式钥匙开关置于中位，即 T1 处，以低速手动操作机器人。

步骤 3 将控制柜操作面板上的运行模式钥匙开关置于右位，即 T2 处，以全速手动操作机器人。

步骤 4　将控制柜操作面板上的运行模式钥匙开关置于左位，即 AUTO 处，机器人处于自动运行模式。

FANUC M-10iA 机器人当前坐标系的选择与查看

操作要求

1. 掌握机器人坐标系的选择方法。
2. 掌握机器人坐标系的切换与查看方法。
3. 巩固机器人示教器的操作。

操作准备

序号	名称	规格型号	数量
1	机器人	FANUC M-10iA	1 个
2	控制柜	R-30iB Mate	1 个
3	示教器	iPendant	1 个

操作步骤

步骤 1　确认机器人处于安全状态，控制柜通电。

步骤 2　单手握持示教器，等示教器启动后，将 TP 开关置为 “ON”。

步骤 3　保持示教器背部的 DEADMAN 开关按下，点击示教器 RESET 键，以清除机器人报警。

步骤 4　观察示教器顶部状态栏显示的坐标系类型。

步骤 5　点击 COORD 键，在手动示教操作所采用的世界坐标系、关节坐标系、工具坐标系、用户坐标系之间进行切换（每点击一次，即切换一次），如图 4-20 所示。

步骤 6　机器人示教编程时，为选择合适的工具坐标系和用户坐标系，需点击 SHIFT+COORD 键，在弹出的菜单中选择工具坐标系或用户坐标系，并用数字键输入对应的坐标系序号，如图 4-21 所示。

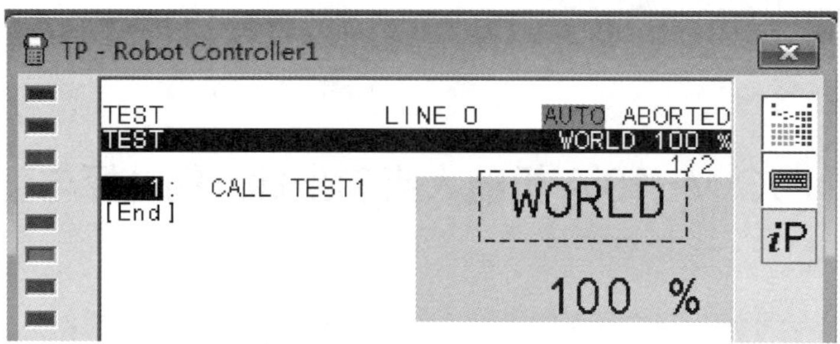

图 4-20　手动示教操作的坐标系切换

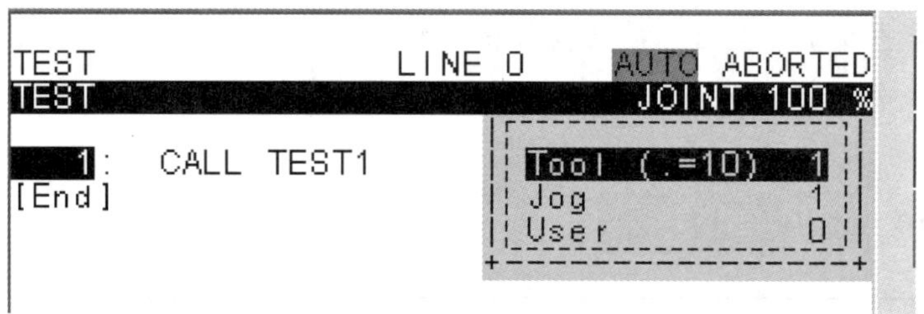

图 4-21　示教编程的坐标系选择

FANUC M-10iA 机器人在不同坐标系下的单轴运动操作

操作要求

1. 掌握机器人坐标系的切换与查看方法。
2. 观察机器人在不同坐标系下的运动情况。

操作准备

序号	名称	规格型号	数量
1	机器人	FANUC M-10iA	1 个
2	控制柜	R-30iB Mate	1 个
3	示教器	iPendant	1 个

操作步骤

步骤 1　确认机器人处于安全状态，控制柜通电。

步骤 2　单手握持示教器，等示教器启动后，将 TP 开关置为“ON”。

步骤 3　保持示教器背部的 DEADMAN 开关按下，点击示教器 RESET 键，以清除机器人报警。

步骤 4　观察示教器顶部状态栏显示的坐标系类型。

步骤 5　按下 SHIFT 键的同时点击机器人运动键中的任何一个，观察机器人的运动情况。

步骤 6　松开 SHIFT 键，通过 COORD 键在手动示教操作所采用的世界坐标系、关节坐标系、工具坐标系、用户坐标系之间进行切换。

步骤 7　选用不同的坐标系，观察机器人在不同坐标系下的运动情况。

FANUC M-10iA 机器人的移动操作

操作要求

1. 巩固机器人示教器的操作。
2. 掌握机器人单轴运动及多轴运动的操作方法。
3. 掌握机器人附加轴运动的操作方法。
4. 观察机器人的运动情况。

操作准备

序号	名称	规格型号	数量
1	机器人	FANUC M-10iA	1 个
2	控制柜	R-30iB Mate	1 个
3	示教器	iPendant	1 个

操作步骤

步骤1 确认机器人处于安全状态，控制柜通电。

步骤2 单手握持示教器，等示教器启动后，将TP开关置为“ON”。

步骤3 保持示教器背部的DEADMAN开关按下，点击示教器RESET键，以清除机器人报警。

步骤4 观察示教器顶部状态栏显示的坐标系类型。

步骤5 按下SHIFT键的同时点击机器人运动键中的任何一个，观察机器人的运动情况。

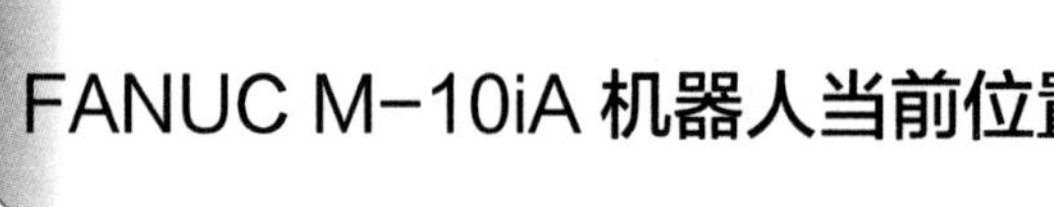

FANUC M-10iA机器人当前位置坐标的查看

操作要求

1. 巩固机器人示教器的操作。
2. 查看机器人的当前位置坐标。
3. 在不同位置坐标表示法之间切换。

操作准备

序号	名称	规格型号	数量
1	机器人	FANUC M-10iA	1个
2	控制柜	R-30iB Mate	1个
3	示教器	iPendant	1个

操作步骤

步骤1 确认机器人处于安全状态，控制柜通电。

步骤2 单手握持示教器，等待示教器启动。

步骤 3　点击 MENU 键，翻至下一页，选择第 5 个菜单项 POSITION 或直接点击键盘最下面的 Posn 键以查看当前位置坐标值，如图 4-22 所示。

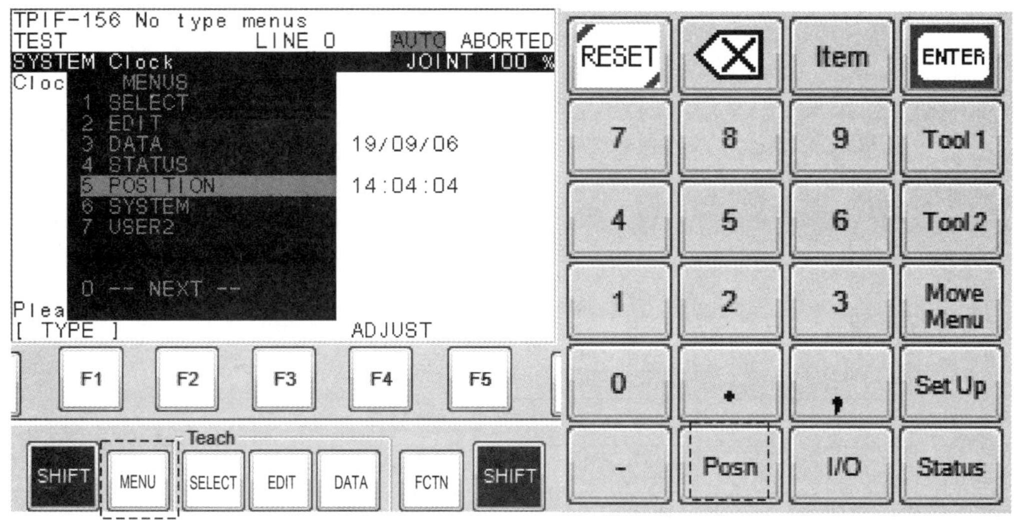

图 4-22　查看当前位置坐标

步骤 4　选择 JNT、USER 或 WORLD，在不同坐标表示法之间进行切换，如图 4-23 所示。

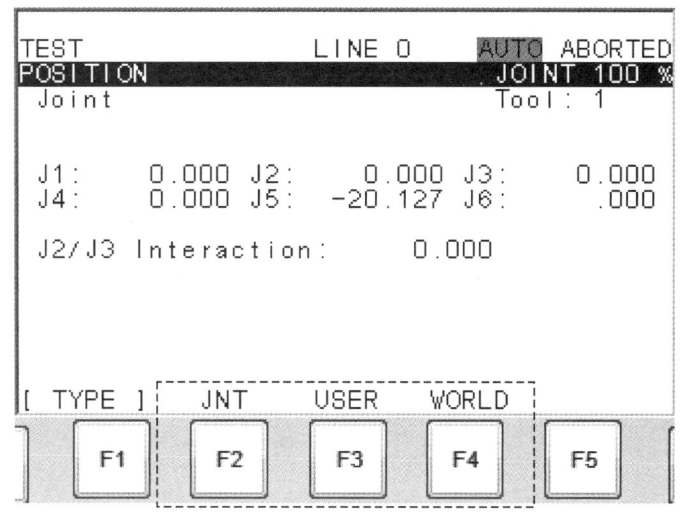

图 4-23　切换坐标表示法

FANUC M-10iA 机器人零点标定

操作要求

1. 掌握与机器人零点故障相关的报警。
2. 掌握消除报警的方法。
3. 掌握零点标定的方法及操作。

操作准备

序号	名称	规格型号	数量
1	机器人	FANUC M-10iA	1 个
2	控制柜	R-30iB Mate	1 个
3	示教器	iPendant	1 个

操作步骤

步骤 1 点击示教器 MENU 键。

步骤 2 点击数字键“0”翻看下一页，选择 SYSTEM 菜单项。

步骤 3 点击 F1 TYPE，在出现的菜单中选择 2 Variables 以进入变量设置界面，如图 4-8 所示。

步骤 4 点击光标移动键，找到 $MASTER_ENB 项。

步骤 5 点击光标移动键，将光标移至值设置处，用数字键将 $MASTER_ENB 值修改为 1，以便调出隐藏的 Master/Cal 菜单项，如图 4-24 所示。

步骤 6 再次点击 F1 TYPE，选择 Master/Cal，调出零点标定界面，如图 4-25 所示。

步骤 7 点击图 4-25 中的 F3 RES_PCA，屏幕出现重置编码器报警画面，如图 4-26 所示。

步骤 8 点击 F4 YES 以消除编码器报警。

步骤 9 控制柜断电再通电。

步骤 10　示教机器人的每个轴到其零位。

步骤 11　选择图 4-25 所示零点标定界面中的 2 ZERO POSITION MASTER 后，按 ENTER 键以执行零点标定。

步骤 12　点击 F4 YES，确认零点标定。

步骤 13　选择图 4-25 所示零点标定界面中的 6 CALIBRATE，按 ENTER 键以执行校准操作。

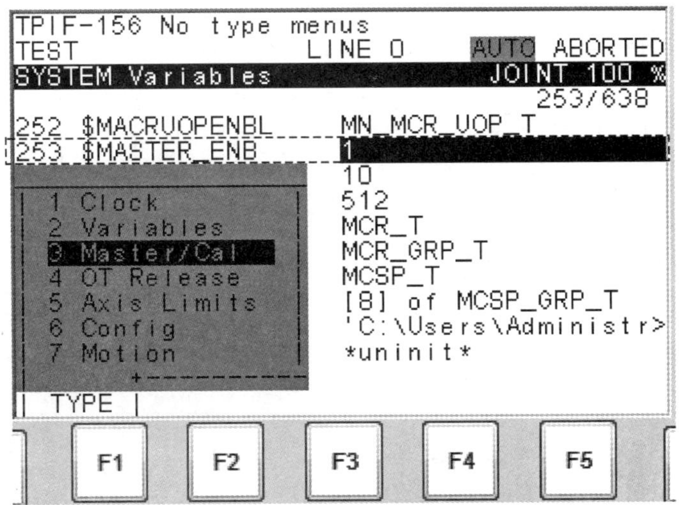

图 4-24　Master/Cal 菜单项

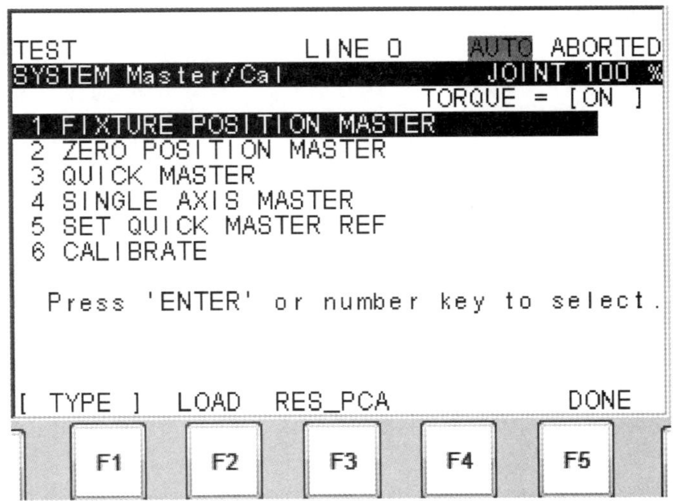

图 4-25　零点标定界面

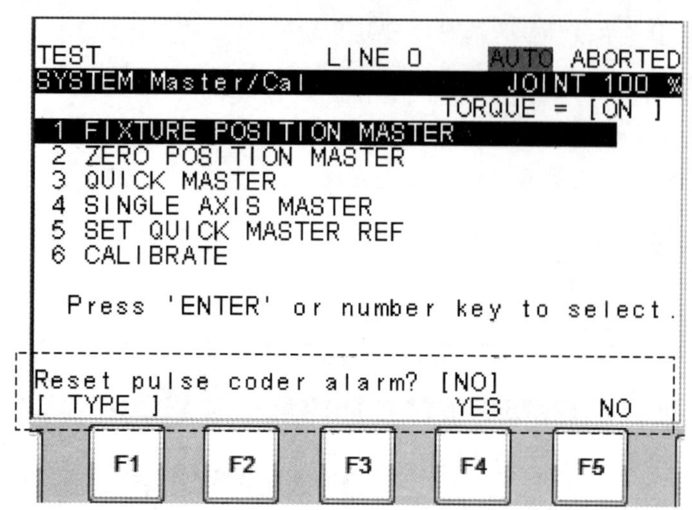

图 4-26 重置编码器报警

步骤 14 点击 F4 YES，确认校准。

步骤 15 点击 F5 DONE，隐藏 Master/Cal 菜单项，完成零点标定操作。

第 5 章　工业机器人编程基础

学习单元 1　工业机器人运动指令与手动示教

学习目标

◆ 掌握工业机器人运动指令的类型和应用

◆ 能够熟练生成和修改工业机器人运动指令

◆ 能够熟练进行工业机器人手动示教

知识要求

一、运动指令

指令是实现机器人控制的一串代码，而运动指令则是控制机器人运动的代码，它通常由运动类型、运动目标点、运动速度、定位类型等部分组成。机器人运动指令的组成及其示例见表 5-1。

表 5-1　　机器人运动指令的组成及其示例

运动指令组成 / 机器人类型	运动类型	运动目标点	运动速度	定位类型
FANUC 机器人	J	P［1］	50%	CNT100
ABB 机器人	MoveJ	p10	v1000	z50

1. 运动类型

工业机器人的运动类型是指机器人手部在点与点之间运动的形式，可分为关节运动、直线运动和圆弧运动三种。

（1）关节运动。关节运动的指令为 J 或 MoveJ。不限制机器人手部的中间运动点，而以某种不确定的路径在两点之间运动称为关节运动，如图 5-1 所示。采用关节运动时，机器人运动状态不完全可控，由控制器计算最快捷的唯一一条运动路径。关节运动常用于机器人在空间中的大范围移动。机器人的物料搬运作业只关心物料的取放位置，因此可采用关节运动。

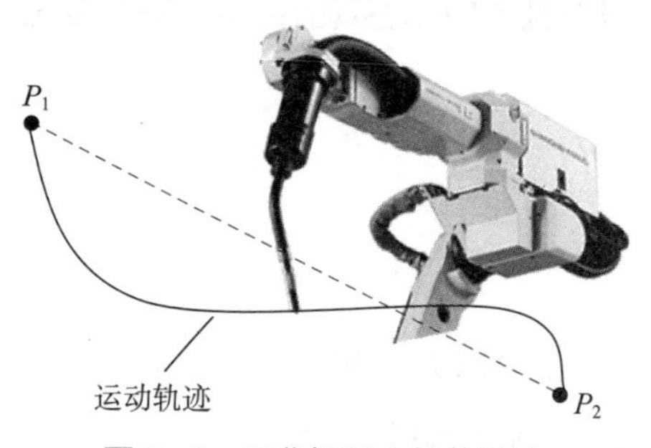

图 5-1　工业机器人关节运动

（2）直线运动。直线运动的指令为 L 或 MoveL。在直线运动中，机器人手部沿两点之间的直线运动，如图 5-2 所示。机器人做直线运动时，需保证直线上所有的点在其工作空间范围内。机器人打磨方形工件轮廓需要采用直线运动指令。

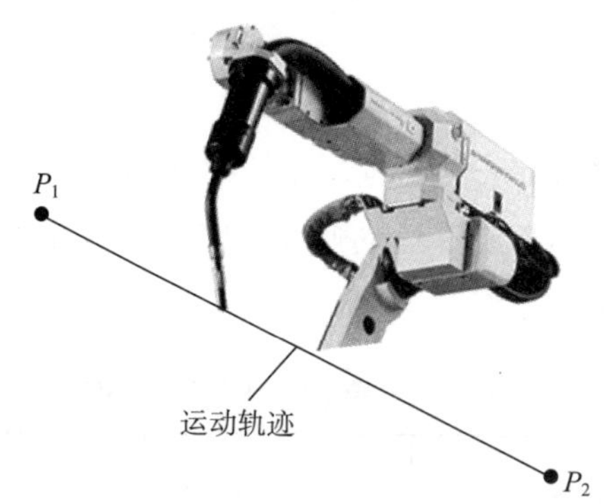

图 5-2　工业机器人直线运动

（3）圆弧运动。圆弧运动的指令为 C 或 MoveC。在圆弧运动中，机器人手部在三个不共线的点之间沿圆弧轨迹运动，如图 5-3 所示。机器人做圆弧运动时，需保证圆弧上所有的点在其工作空间范围内。机器人打磨工件圆角需要采用圆弧运动指令。

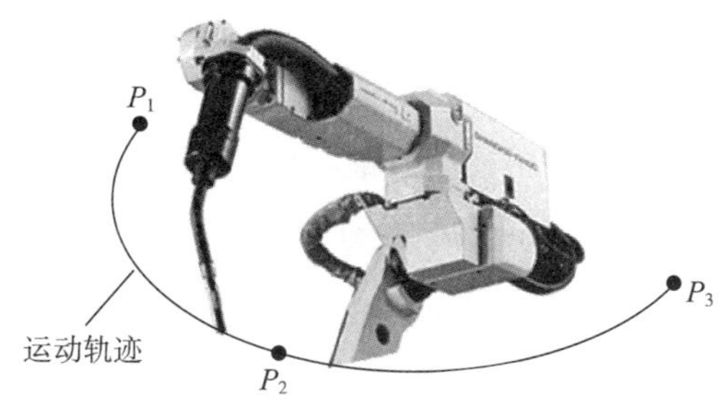

图 5-3　工业机器人圆弧运动

在实际工程应用中，绝大部分运动轨迹都是直线、圆弧或直线和圆弧的组合，而更加复杂的运动轨迹则可通过插补的方式用直线或圆弧来逼近。

2. 运动目标点

工业机器人的运动目标点是指机器人执行完运动指令后所处的位姿点（机器人位姿通常包括位置和姿态共 6 个元素）。如需重复利用该运动目标点，可将其保存至位置寄存器中。

（1）运动目标点的记录。运动目标点的记录是指记录操作人员所示教的各机器人位姿点，并以各示教点生成一系列机器人运动指令的操作。

（2）运动目标点的修改。在实际应用过程中，由于工况或工作任务的变化，或者示教点不合适等原因，需要对机器人的运动目标点进行修改。运动目标点的修改是指对其位置和姿态 6 个元素值，即在选定坐标系下的位置（x，y，z）和绕坐标轴的转角（w，p，r）进行修改，修改方法包括直接输入法和示教法两种。

1）直接输入法。直接输入法是指在示教器中对运动目标点的 6 个元素进行直接输入修改的方法。采用这种方法修改运动目标点需要确保输入位置安全可靠且位于机器人工作空间内，使用该方法时一定要慎重。

2）示教法。示教法是指在示教器中选中需要修改的运动目标点，再将机器人手动操作到新的目标位置，借助“修改位置”功能将该运动目标点修改为新目标位置的值。

（3）运动目标点的查看。运动目标点的查看是指在示教器中查看运动目标点的 6 个元素，通常可以用关节坐标或笛卡尔坐标形式来显示这 6 个元素值。

3. 运动速度

工业机器人的运动速度是指机器人自动运行时的速度，可用最高允许速度的百分比、机器人手部的转动角速度或直线运动速度及运行时间（s 或 ms）来表示，具体根据运动类型的不同而有所不同。

机器人编程时所设置的速度不能超过最高允许速度，否则机器人会报警。

机器人自动运行时，通过速度增、减键来调整机器人运动速度，其设置范围为 1% ~ 100%。

4. 定位类型

工业机器人的定位类型指定机器人以何种方式到达运动目标点，包括到达定位和接近定位两种方式，如图 5–4 所示。

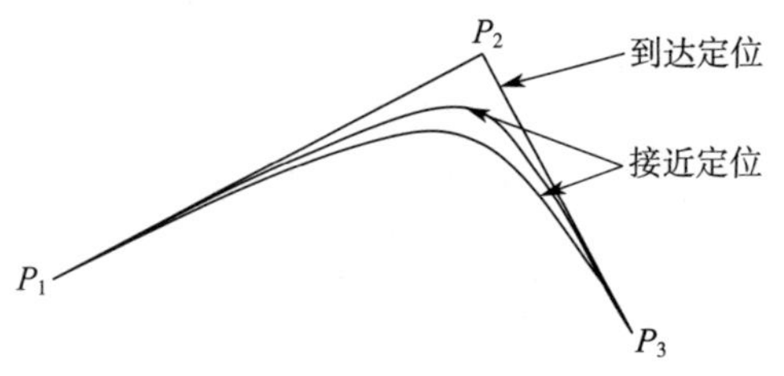

图 5–4　定位类型

（1）到达定位。如图 5–4 所示，当定位类型为到达定位时，机器人从 P_1 出发精确定位至目标点 P_2，此时其速度降为零，然后再运动至下一目标点 P_3。如果目标点是一段路径的最后一个点，应当将其终止类型设定为到达定位。

（2）接近定位。如图 5–4 所示，当定位类型为接近定位时，机器人从 P_1 出发逼近目标点 P_2 但不停留，而直接向下一目标点 P_3 运动。操作人员可设置接近定位值的大小。在运动速度一定的情况下，接近定位值越小，越接近目标点；接近定位值越大，越远离目标点。为使机器人运动更加平滑、连贯，减少冲击的发生，应当选用适当大小的接近定位值。

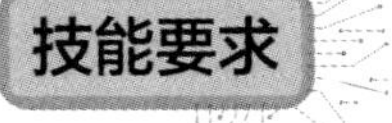

FANUC M-10iA 机器人运动指令操作

操作要求

1. 掌握机器人运动指令的生成。
2. 掌握机器人运动类型的选择和修改。
3. 掌握机器人运动指令的应用。

操作准备

序号	名称	规格型号	数量
1	机器人	FANUC M-10iA	1 个
2	控制柜	R-30iB Mate	1 个
3	示教器	iPendant	1 个

操作步骤

步骤 1　确认机器人处于安全状态，控制柜通电。

步骤 2　单手握持示教器，等示教器启动后，将 TP 开关置为“ON”。

步骤 3　保持示教器背部的 DEADMAN 开关按下，点击示教器 RESET 键，以清除机器人报警。

步骤 4　点击 SELECT 键进入程序选择界面，通过光标移动键找到 TEST 程序，并点击 ENTER 键以进入该程序编辑界面。

步骤 5　观察该程序中的运动指令。

步骤 6　将机器人手动示教至某一位置点，点击 F1 POINT，移动光标，从屏幕跳出来的菜单中选择一条合适的指令类型，如图 5-5 所示，按下 ENTER

键，即以当前位置和所选择的指令类型生成一条运动指令。也可以直接点击 SHIFT+F1 POINT 键，以当前位置和默认指令类型生成一条运动指令。

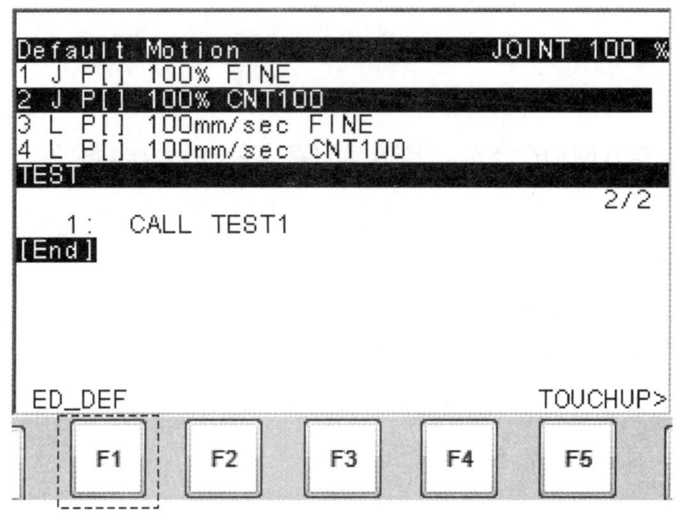

图 5-5 选择指令类型

步骤 7 如需修改运动类型，将光标移至运动类型处，点击 F4 CHOICE 键，在跳出来的菜单中选择不同的运动类型，如图 5-6 所示。

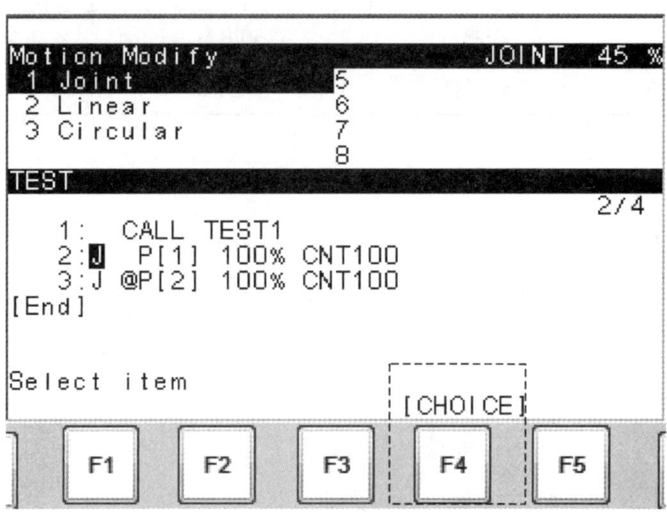

图 5-6 运动类型的选择与修改

步骤 8 单步运行程序，观察关节运动、直线运动和圆弧运动情况。

FANUC M−10iA 机器人运动目标点操作

操作要求

1. 掌握机器人运动目标点的查看方法。

2. 掌握机器人运动目标点的关节坐标和笛卡尔坐标表示方法。

3. 掌握机器人运动目标点的修改方法。

操作准备

序号	名称	规格型号	数量
1	机器人	FANUC M−10iA	1 个
2	控制柜	R−30iB Mate	1 个
3	示教器	iPendant	1 个

操作步骤

步骤 1　确认机器人处于安全状态，控制柜通电。

步骤 2　单手握持示教器，等示教器启动后，将 TP 开关置为“ON”。

步骤 3　保持示教器背部的 DEADMAN 开关按下，点击示教器 RESET 键，以清除机器人报警。

步骤 4　点击 SELECT 键进入程序选择界面，通过光标移动键找到 TEST 程序，并点击 ENTER 键以进入该程序编辑界面。

步骤 5　将光标移至所需查看的运动目标点 P［1］处，点击 F5 POSITION，以查看当前运动目标点的值，并显示如图 5−7 所示画面。

步骤 6　按 F5 REPRE，选择以关节坐标或笛卡尔坐标形式查看运动目标点的值，如图 5−8 所示。

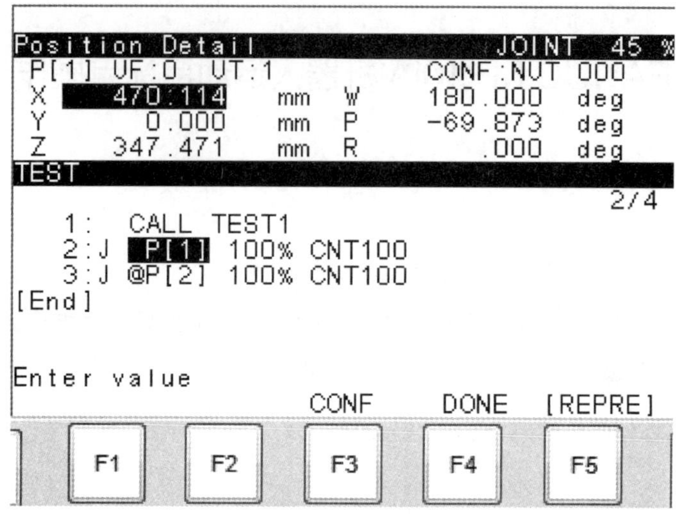

图 5-7 查看运动目标点

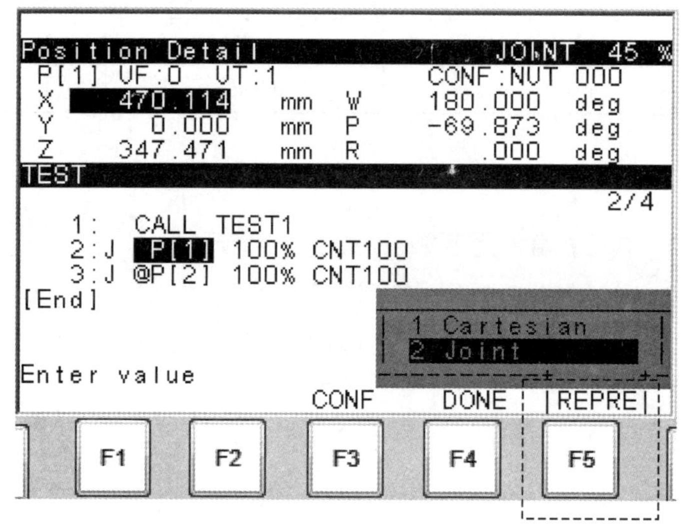

图 5-8 不同坐标形式表示的运动目标点

步骤 7 查看运动目标点的值时，将光标移至某一元素处，可直接通过键盘中的数字键输入新的数字，并按 ENTER 键以修改运动目标点的值。

步骤 8 采用示教方法修改运动目标点时，手动控制机器人至新的运动目标点，按下 SHIFT 键的同时按下 F5 TOUCHUP，将新的运动目标点记录至 P［1］中。

步骤 9 按步骤 5 查看 P［1］中的值是否发生改变。

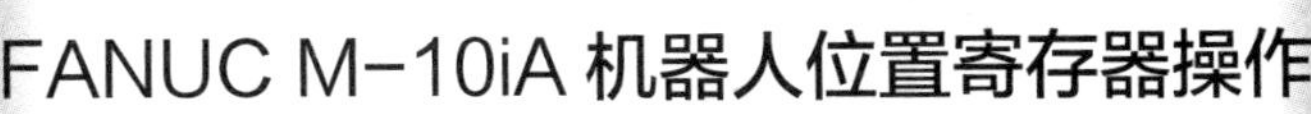

FANUC M-10iA 机器人位置寄存器操作

操作要求

1. 在运动指令中使用位置寄存器。
2. 查看位置寄存器值。
3. 修改位置寄存器值。

操作准备

序号	名称	规格型号	数量
1	机器人	FANUC M-10iA	1 个
2	控制柜	R-30iB Mate	1 个
3	示教器	iPendant	1 个

操作步骤

步骤 1　确认机器人处于安全状态，控制柜通电。

步骤 2　单手握持示教器，等示教器启动后，将 TP 开关置为“ON”。

步骤 3　保持示教器背部的 DEADMAN 开关按下，点击示教器 RESET 键，以清除机器人报警。

步骤 4　点击 SELECT 键进入程序选择界面，通过光标移动键找到 TEST 程序，并点击 ENTER 键以进入该程序编辑界面。

步骤 5　将光标移至所需查看的运动目标点 P [1] 处，点击 F4 CHOICE，在弹出的菜单中选择 PR [ ] 项，如图 5-9 所示。

步骤 6　利用数字键为 PR [ ] 输入一个数字 1，以指定使用第 1 个位置寄存器。

步骤 7　在程序编辑窗口中，点击 NEXT 键，然后点击 F1 INST，选择 Registers 项添加位置寄存器操作指令，如图 5-10 所示。

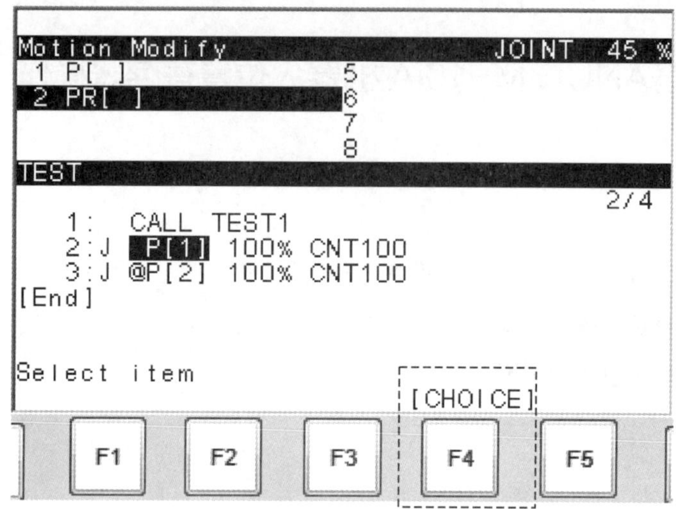

图 5-9 运动指令中使用位置寄存器

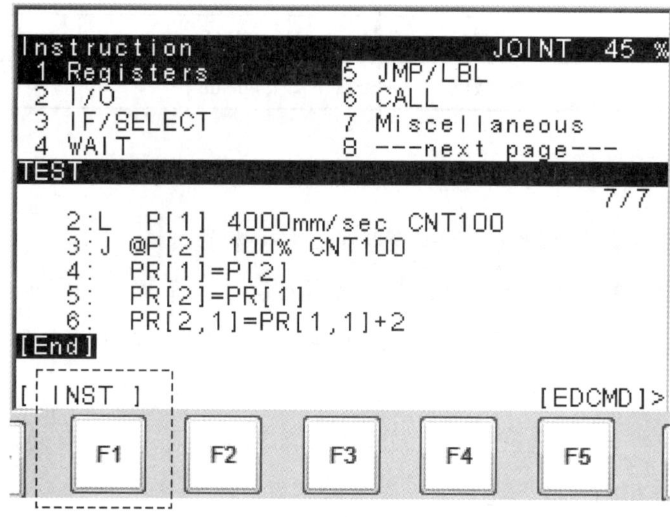

图 5-10 位置寄存器应用

步骤 8 如图 5-10 所示，将位置 P［2］赋值给 PR［1］，再将 PR［1］赋值给 PR［2］，并给 PR［2］的第 1 个元素即 X 方向值加 2。

步骤 9 点击 DATA 键，在数据查看窗口中点击 F1 TYPE，在弹出的窗口中选择 Position Reg 项，以查看所有的位置寄存器，如图 5-11 所示。

步骤 10 点击 F4 POSITION，以查看所选位置寄存器的 6 个元素值，如图 5-12 所示。

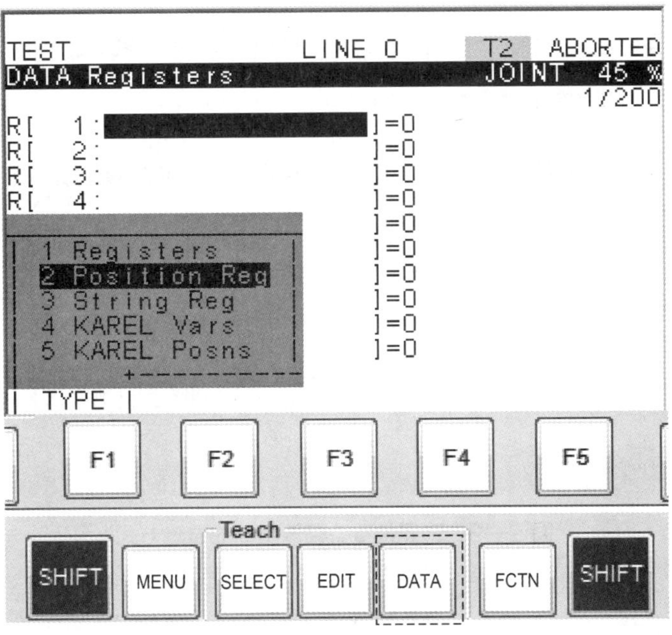

图 5-11　查看位置寄存器

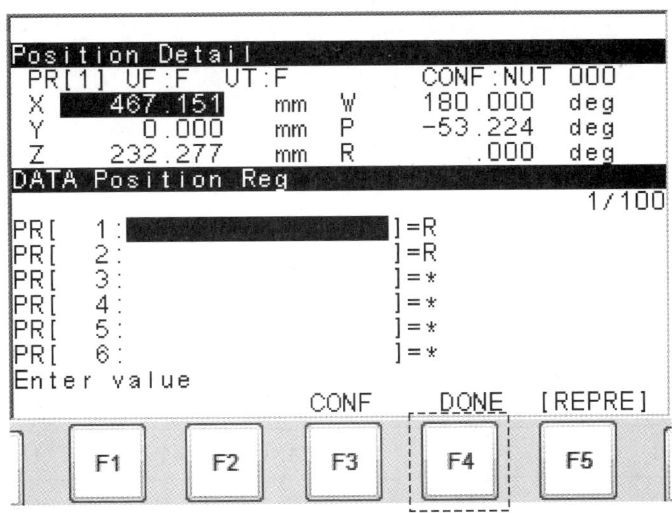

图 5-12　查看位置寄存器的值

步骤 11　点击 F5 REPRE，选择不同的坐标显示方式，如图 5-13 所示。

步骤 12　将光标移动至所需修改的位置元素处，用数字键修改位置元素，并按 ENTER 键确认。

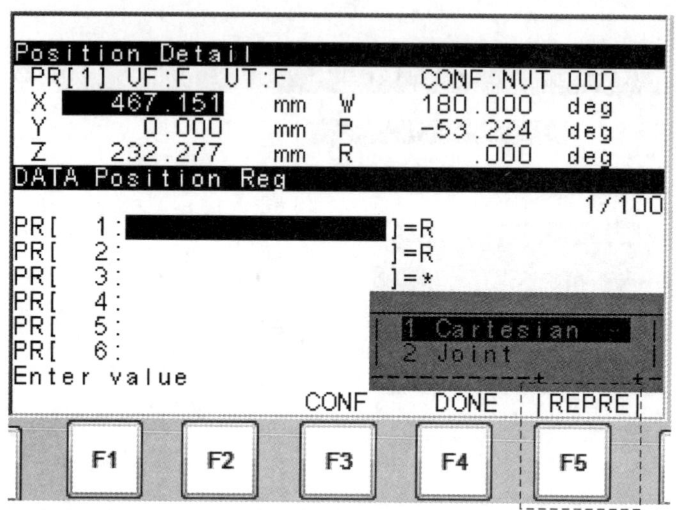

图 5-13　选择位置寄存器坐标的显示方式

FANUC M-10iA 机器人运动速度操作

操作要求

1. 在运动指令中使用运动速度。
2. 修改运动速度。

操作准备

序号	名称	规格型号	数量
1	机器人	FANUC M-10iA	1 个
2	控制柜	R-30iB Mate	1 个
3	示教器	iPendant	1 个

操作步骤

步骤 1　确认机器人处于安全状态，控制柜通电。

步骤 2　单手握持示教器，等示教器启动后，将 TP 开关置为“ON”。

步骤 3　保持示教器背部的 DEADMAN 开关按下，点击示教器 RESET 键，以清除机器人报警。

步骤 4　点击 SELECT 键进入程序选择界面，通过光标移动键找到 TEST 程序，并点击 ENTER 键以进入该程序编辑界面。

步骤 5　将光标移至所需编辑的运动速度处。

步骤 6　点击 F4 CHOICE，在弹出的菜单中选择合适的速度单位，并用数字键输入速度值，如图 5-14 所示。

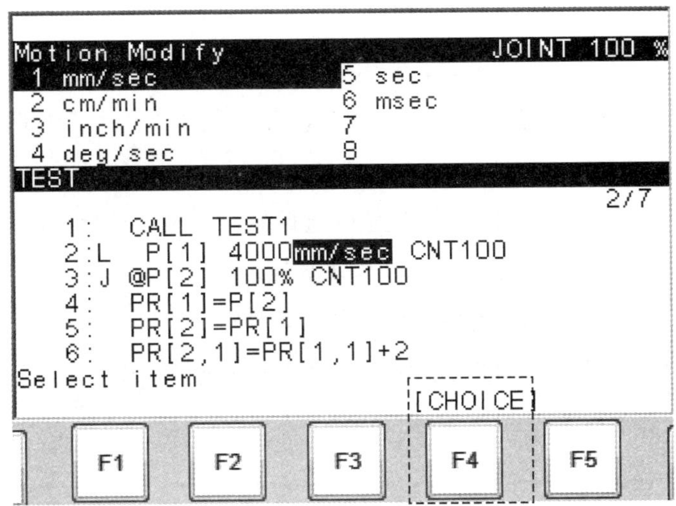

图 5-14　修改运动速度

FANUC M-10iA 机器人定位类型操作

操作要求

1. 在运动指令中使用定位类型。

2. 修改定位类型。

操作准备

序号	名称	规格型号	数量
1	机器人	FANUC M-10iA	1个
2	控制柜	R-30iB Mate	1个
3	示教器	iPendant	1个

操作步骤

步骤1 确认机器人处于安全状态，控制柜通电。

步骤2 单手握持示教器，等示教器启动后，将TP开关置为“ON”。

步骤3 保持示教器背部的DEADMAN开关按下，点击示教器RESET键，以清除机器人报警。

步骤4 点击SELECT键进入程序选择界面，通过光标移动键找到TEST程序，并点击ENTER键以进入该程序编辑界面。

步骤5 将光标移至所需编辑的定位类型处。

步骤6 点击F4 CHOICE，在弹出的菜单中选择合适的定位类型，如果选择CNT，则还需输入0～100之间的值，如图5-15所示。

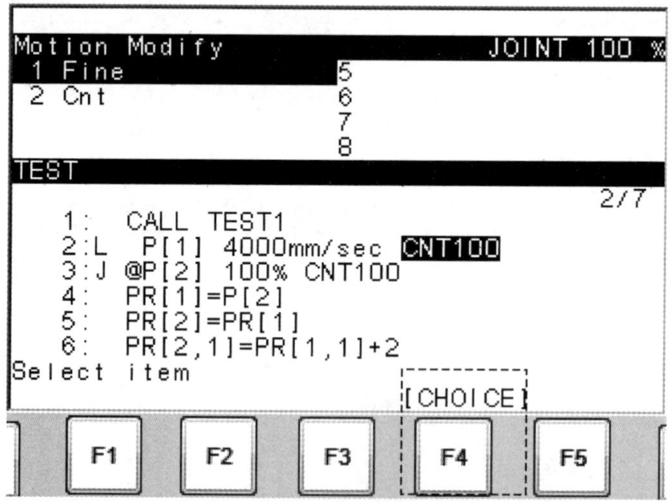

图5-15 选择定位类型

学习单元 2　工业机器人手动执行程序

学习目标

◆ 熟悉工业机器人手动单步执行程序

◆ 熟悉工业机器人手动连续执行程序

知识要求

一、手动单步执行机器人程序

手动单步执行机器人程序是指为验证机器人程序的正确与否，一条一条执行机器人指令，即机器人执行完一条指令就立即停止，并等待操作人员操作以执行下一条指令。手动单步执行通常包括顺序单步执行和逆序单步执行两种。其中，逆序单步执行是指按相反的顺序执行机器人指令，当执行完一条指令后，机器人等待执行上一条指令。

二、手动连续执行机器人程序

当通过手动单步执行对每条指令进行确认后，即可手动连续执行程序以检查机器人是否能正常运行，这时机器人从第一条指令开始连续而没有任何停顿地执行至最后一条指令。

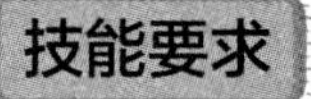

技能要求

手动执行 FANUC M-10iA 机器人程序

操作要求

1. 掌握机器人手动单步执行程序的方法。
2. 掌握机器人手动连续执行程序的方法。
3. 观察机器人示教器的状态指示。

操作准备

序号	名称	规格型号	数量
1	机器人	FANUC M-10iA	1 个
2	控制柜	R-30iB Mate	1 个
3	示教器	iPendant	1 个

操作步骤

步骤 1 确认机器人处于安全状态，控制柜通电。

步骤 2 单手握持示教器，等示教器启动后，将 TP 开关置为“ON”。

步骤 3 保持示教器背部的 DEADMAN 开关按下，点击示教器 RESET 键，以清除机器人报警。

步骤 4 点击 SELECT 键进入程序选择界面，通过光标移动键找到 TEST 程序，并点击 ENTER 键以进入该程序编辑界面。

步骤 5 按下 STEP 键，打开程序单步执行功能，STEP 指示灯亮，如图 5-16 所示。

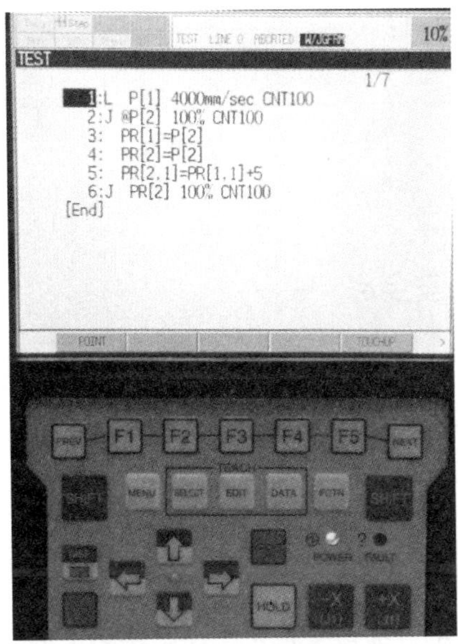

图 5-16　单步执行程序

步骤 6　保持 SHIFT 键按下的同时，每按一次 FWD 键，执行一条机器人指令，观察程序顺序单步执行情况。

步骤 7　保持 SHIFT 键按下的同时，每按一次 BWD 键，执行一条机器人指令，观察程序逆序单步执行情况。

步骤 8　用光标移动键将光标定位至第一条指令处。

步骤 9　再次按下 STEP 键，取消程序单步执行功能，STEP 指示灯熄灭。

步骤 10　保持 SHIFT 键按下的同时，按下 FWD 键，观察程序连续顺序执行情况。

学习单元 3　工业机器人基础编程功能

学习目标

- ◆ 熟悉工业机器人的安全点
- ◆ 熟悉工业机器人的字符串

◆ 熟悉工业机器人的数组

知识要求

一、工业机器人的安全点

工业机器人的安全点（HOME 点）是一个安全位置点，在该位置处，机器人远离工件及周边设备，并发出信号给远端控制设备（如 PLC），远端控制设备根据该信号可以判断机器人是否在工作原点。机器人最多可以设置 3 个 HOME 点。

二、工业机器人的字符串

工业机器人编程过程中，多数变量定义为字符串类型。字符串是由数字、字母、下划线组成的一串字符，是编程语言中表示文本的数据类型。

三、工业机器人的数组

数组是一种特殊类型的变量，它由一系列数据组成，通常以一维或多维表格的形式进行描述。进行程序设计或机器人操控时，一组数据、字符串等都保存在这个表格中。

技能要求

FANUC M-10iA 机器人 HOME 点设置

操作要求

1. 掌握机器人 HOME 点的设置和使用方法。
2. 巩固机器人示教器的操作。

操作准备

序号	名称	规格型号	数量
1	机器人	FANUC M-10iA	1 个
2	控制柜	R-30iB Mate	1 个
3	示教器	iPendant	1 个

操作步骤

步骤 1　确认机器人处于安全状态，控制柜通电。

步骤 2　单手握持示教器，等示教器启动后，将 TP 开关置为“ON”。

步骤 3　保持示教器背部的 DEADMAN 开关按下，点击示教器 RESET 键，以清除机器人报警。

步骤 4　点击 MENU 键，选择 SETUP 菜单项，如图 5-17 所示。

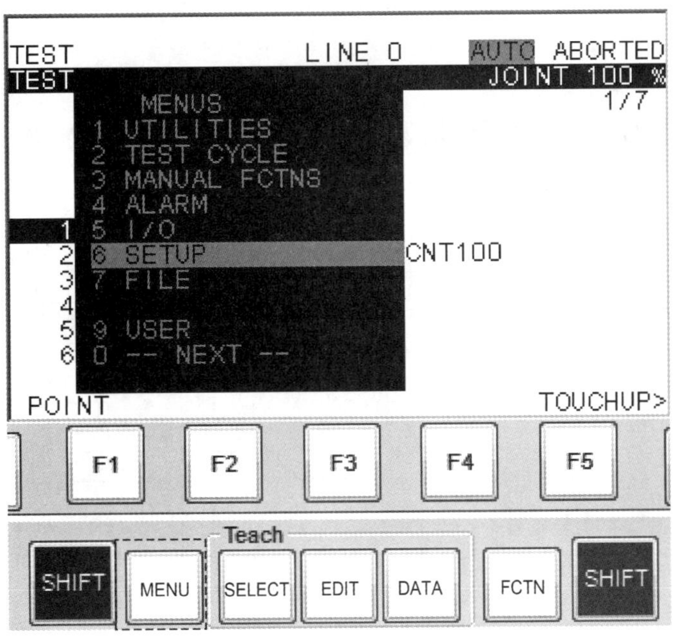

图 5-17　选择 SETUP 菜单项

步骤 5　在进入的界面中点击 F1 TYPE，选择 Ref Position 菜单项，如图 5-18 所示，进入参考点设置界面。

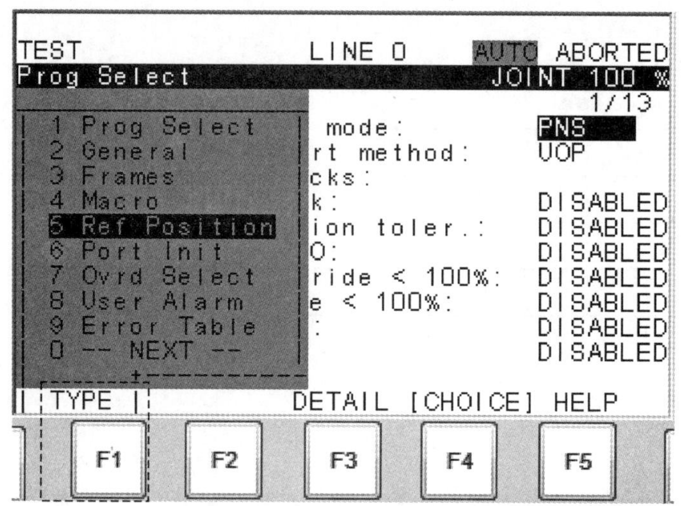

图 5-18　选择参考点菜单项

步骤 6　点击 F3 DETAIL，显示详细信息界面。

步骤 7　移动光标至“Is a valid HOME:”行，将其值修改为 TRUE，即将当前参考点设置为 HOME 点，如图 5-19 所示。

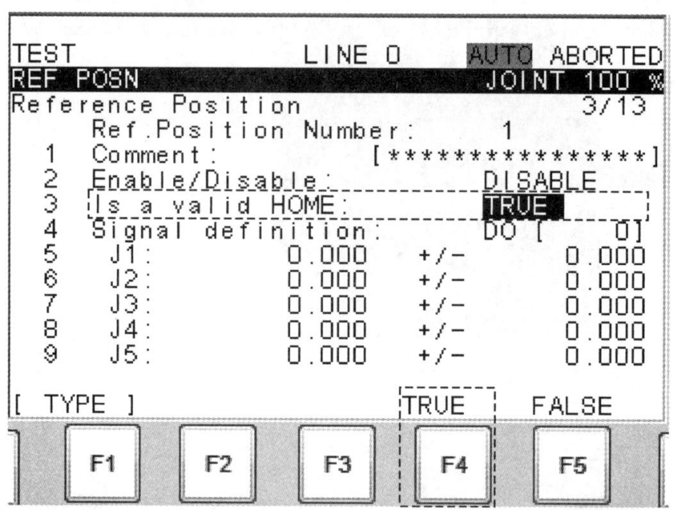

图 5-19　设置 HOME 点

步骤 8　移动光标至第 5 行 J1 处，并示教机器人至所需定义的 HOME 点。

步骤 9　点击 SHIFT 键和 F5 RECORD 以记录当前坐标点（即 HOME 点），如图 5-20 所示。

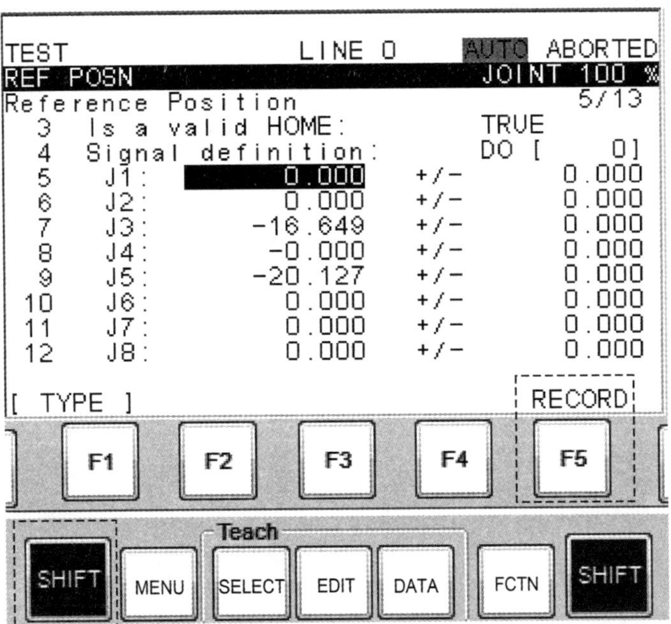

图 5-20　记录 HOME 点

ICS 07.040
A 77
备案号:34111—2012

中华人民共和国测绘行业标准

CH/T 3007.1—2011

数字航空摄影测量　测图规范
第1部分:1:500 1:1 000 1:2 000 数字高程模型 数字正射影像图 数字线划图

Digital aerophotogrammetry—Mapping specifications—
Part 1: 1:500 1:1 000 1:2 000 digital elevation models, digital orthophoto maps, digital line graphics

2011-11-15 发布　　2012-01-01 实施

国家测绘地理信息局　发布

目　次

前言 …… Ⅱ
引言 …… Ⅲ
1　范围 …… 1
2　规范性引用文件 …… 1
3　总则 …… 1
4　准备工作 …… 2
5　定向建模 …… 3
6　数字高程模型生产 …… 4
7　数字正射影像图生产 …… 5
8　数字线划图生产 …… 5
9　相关文件制作 …… 9
10　质量控制 …… 9
11　成果整理与上交 …… 11
附录 A(规范性附录)　军事设施和国家保密单位的表示规定 …… 12